600位執行長的智慧與教訓，
最務實也最殘酷的七堂管理課

領導者的試煉

亞當·布萊安特 Adam Bryant
凱文·沙爾 Kevin Sharer 著
聞翊均——譯

The CEO TEST

Master the Challenges That Make or Break All Leaders

本書謹獻給珍妮塔（Jeanetta）與卡蘿（Carol）

目次

國際讚譽——Acclaim

布萊安特和沙爾組成了一支才華橫溢、深具啟發性的團隊。布萊安特帶來了一個龐大的心理數據庫，其中包含六百多次與精英領導人的結構性對話，並且結合了寫出聰明清晰的文章的天賦。沙爾則帶來了數十年的策略經驗，包括擔任安進藥品的執行長，該公司也成為全球第一批真正偉大且歷久不衰的生技公司之一。我喜歡本書將布萊安特的敏銳洞察力與沙爾的實踐智慧結合起來，以應對令人煩惱的領導力挑戰。

■詹姆・柯林斯（Jim Collins），暢銷書《從A到A+》作者、《基業長青》和《恆久卓越的修煉》共同作者沙爾和布萊安特從數百位執行長那裡挖掘洞見，找出有助於各級領導者提高效率的通用心得。他們並不是提出在領導力書籍中常見的陳腔濫調，而是依靠他們真正的記者好奇心和發現模式的天賦，加上令人難忘的故事，進而將領導力的基本挑戰帶入生活。

■梅蕾笛絲．科皮特．萊文（Meredith Kopit Levien），
紐約時報公司總裁暨執行長

本書為各級領導者可能面臨的無數問題提供了誠實且坦率的方法。無論你現正擔任執行長，或者期望將來能擔任執行長，這都是一本必讀之書。

■斯帝芬．司克里（Stephen J. Squeri），
美國運通董事長暨執行長

布萊安特和沙爾捕捉了成功領導力的精髓。他們的例子同樣適用於大大小小的公司，以及從最高管理層到基層的所有職能和級別的領導者。

■艾倫・庫爾曼（Ellen J. Kullman），杜邦公司前總裁暨執行長

布萊安特和沙爾是精明的觀察者，也是成功的藝術實踐者，他們為偉大的領導力打造了一本極具洞察力的指南。本書是必讀的，不僅適用於執行長，也適用於準備提高自身程度的各級領導者。

■羅納德・蘇嘉（Ronald D. Sugar），諾格公司（Northrop Grumman Corporation）前董事長暨執行長；蘋果、安進、雪佛龍與優步的董事

我很樂意向所有人推薦這本書，不管是商學院學生、最成功的組織中的執行長，或是任何渴望體現真正領導品質的人。

■ The Ladders

引言

Introduction

儘管過去數十年來，人們一直在努力理解，該怎麼做才能成爲高效能的領導者，但直至目前爲止，從企業到非營利組織，再到公家機關，無論是在哪種機構的哪個階層，領導力依舊是一項十分艱鉅又難以定義的任務。

初次擔任主管職的人，感受一定特別深刻；新任主管往往必須付出極大的努力，才能從單槍匹馬的傑出員工，變身成爲召集整支團隊共同實現目標的領導人。你該對下屬提出多高的要求？你該在何時放手讓下屬自己發揮，又該在何時介入協助？你要如何在直接反饋時避免過於吹毛求疵？你該如何在表達友好的同時掌握平衡，才不至於讓下屬認爲你沒有主管的風範？何時才是表現出脆弱的正確時機？又或者，應該要擺出自信的姿態，永遠別讓員工看出你的慌亂？

待你晉升到更高的職位後，又有更多新挑戰等著你面對。這時的你，便是主管們的主管。你手下有許多不同層級的主管，你必須引導他們和你一起追求同樣的目標，而這需要持續溝通。你得在整個組織中建構與管理全新的關係網絡。人們會對你抱持著嚴格的期待，期望你的團隊交出高水準的穩定成果。光是大量的會議、電子郵件與跨部門計畫期限，就已是對耐力的一大考驗，更不用說你還得更早上班、更晚下班，並犧牲週末來工作。

在成爲執行長之後，工作上的需求更是呈指數型成長。你必須擔負沉重的責任與孤獨感、永無止境的事後評論與批判。你知道你手下的這群主管若組成一支團隊，簡直就像全明星團隊一般強大，你因此承受極大的壓力。你必須擁有無窮無盡的精力，才能全年無休地保持活躍與自信，並隨時準備好鼓舞人心。你在執行艱難決策上遇到灰色地帶和權衡取捨時，往往無法取悅所有人。你必須撐起一把保護傘，爲他們擋下各種壞消息。投資人與董事會要求你必須爲每個項目帶來穩定的績效成長。人們期待你時時刻刻都能提供正確答案，然而，光是要找出正確的問題可能就很難了。

不過，這些壓力並非執行長所獨有。我們相信**所有的領導者**都必須面對屬於自己的執行長試煉，只不過隨著你的職位愈高，這些挑戰的強度會變得更強，後果會變得更嚴重，問題的範圍也會變得更廣泛，內容也相對更複雜。這就是爲什麼我們要在本書中分享數十位執行長的故事、觀點與經驗——不是因爲他們的工作是獨一無二的，而是因爲多數領導者普遍都會遇到的領導力挑戰，在執行長這個職位上，通常是難度最高且最難解決的。這些故事與觀點，能爲那些渴望成爲更好的領導者的人提供最豐富的經驗談。簡而言之，我們相信若你能學會執行長的領導方式，將讓你在目前的職位上發揮更大的效能，並在職涯之路上更進一步。

我們自認是十分適合執行這個計畫的團隊。

亞當・布萊安特（Adam Bryant）曾針對六百多位執行長與其他職位的領導人進行深度採訪，這始於他爲《紐約時報》執行的〈領導人辦公室〉（*Corner Office*）每週採訪計畫，凱文・沙爾（Kevin Sharer）則是亞當的首批受訪執行長之一。亞當在執行採訪計畫時，採用了一種與眾不同的方式。他沒有提出關於策略與產業趨勢的問題，而是聚焦於這些執行長在工作中所經歷的、有關領導力的最終難題。他採訪的領導人來自世界各地、各行各業與各種背景，其中也包括非商業界的領導人——非營利組織、學術界、政府機構、軍方和娛樂產業。他採訪過的知名執行長包括微軟的薩蒂亞．納德拉（Satya Nadella）與迪士尼的羅伯特．艾格（Robert Iger）等人，他也訪問過新創產業的年輕執行長。他採訪過很高比例的女性與少數族裔領導人，但從未詢問他們有關性別或種族方面的問題，因爲他想以同樣的方式採訪每一個人，把重點放在領導能力上。

接著，亞當在二〇一七年加入梅立克公司（Merryck & Co.），該公司的主要業務是高階主管指導與高階領導能力開發，過去十年來，曾與數百位客戶合作。梅立克公司提供了另一種深刻的經驗，讓我們從中汲取了不同的見解。

凱文曾在全球最大的生技公司安進藥品（Amgen）擔任總裁與執行長，在過去二十多年裡，該公司在他的領導下，幾乎只透過內部增長與擴張，就將年營收從十億美元提升至近一百六十億美元。二〇一二年，他離開安進藥品後，在哈佛商學院講授策略與管理，七年來，他和當時的同事、亦即奇異集團（General Electric）現任執行長賴瑞・卡普（Larry Culp）以及哈佛商學院院長尼汀・諾瑞亞（Nitin Nohria），共同開設了一門新課程，主題是執行長的生活與角色，以及如何領導高階主管團隊。他曾擔任雪佛龍（Chevron）、優尼科（Unocal）、諾斯洛普格魯曼（Northrop Grumman）與３Ｍ的董事成員。他在擔任總經理、董事長與導師的期間，曾參與過二十多次成功的執行長轉型。你將會在本書中讀到數十位執行長的觀點，此外，爲了在描述某些主題時更爲生動，我們會在幾個章節裡引用凱文的親身經歷與見解——他曾任美國海軍軍官，也曾擔任麥肯錫（McKinsey）、奇異集團與世界通訊公司（MCI）的高階主管，並屢次獲得晉升。凱文將在本書中身兼球員與教練，他既是共同作者之一，也是其中一位分享自身經驗的執行長。

雖然我們兩人的背景相差甚遠，但我們都是天生的模式觀察者。當我們開始撰寫本書時，花了非常多時間，來回討論與爭辯各自經歷中所得出的觀點。爲了梳理脈絡，我們擬定了一系列問題來闡明這項計畫的宗旨：

- 對於所有的執行長，即便是最有前途的執行長而言，致使他們成功或失敗的最關鍵挑戰是什麼？
- 在這些有關領導力的最高級別挑戰中，有哪些經驗能幫助所有領導者在工作上表現得更好？
- 無論你是執行長還是初次擔任主管，如果你打算投入時間與精力以成爲一名更強大的領導者，那麼，要專注於領導力的哪些面向，才能爲你帶來最高的投資報酬率？
- 哪些觀點對商學院的學生具有啟發性、對充滿抱負的領導者具有實用性、對執行長及其主管團隊能提供新的視角？
- 我們能否在公司中發展出一種領導力的共通語言，讓各階層的領導者在工作時都能使用？
- 我們能否確保這些觀點不僅適用於商業界的高階領導人，對於非營利組織與公共部門的領導人來說，也同樣實用？

坦白說，雖然我們反覆淬鍊了好幾次，才終於得出一長串清單來填滿白板，但是，在我們套用了俄羅斯套疊娃娃這個實用的隱喻後，討論的進度就開始取得飛快的進展。我們在討論領導力時，提出了許多想法，例如值得信賴和尊重他人的重要性，其中許多想法其實都十分相近，於是，我們不斷試著釐清哪些構想能如俄羅斯套疊娃娃一樣，彼此疊在一起。我們也決定不把重點放在高效能領導人擁有哪些特質上（比如好奇心與自覺），而是著重在領導力的策略性技巧上，以打造出一本關於高效能領導力的書籍。之後，經過數小時的正向辯論，我們最終確立了要採用哪些主要主題與次要主題的結構，才能以最切中要點的方式回答上述問題。

領導者的試煉與大學入學測驗是截然不同的測試方法，領導者試煉比較像是透過攀登一座險峻高山來測試能力。在接下來的章節中，我們描述的挑戰都是高效能領導力的基礎，這些挑戰彼此息息相關；想要成功克服這些挑戰，就必須建立明確的策略、高效能的領導團隊與定義明確的組織文化。緊接著，我們會討論領導時應該注意的一些細節，例如推動變革與管理危機。最後，則會說明領導者的內在心理素質。我們將會在本書中提到許多悖論，幫助你了解爲什麼在我們設法了解領導力時，直接的答案反而容易令人困惑。本書中的見解，不僅有助於你成爲一名更優秀的領導人，也會提供簡單、有效且寶貴的觀點，讓你得以分析與評估其他領導人、團隊與公司。

請容我們在此申明，想通過領導者試煉，並不代表你必須在我們描述的每項挑戰中都獲得滿分。這是不切實際的想法，畢竟我們每個人都有不同的優勢與弱點。但我們確實認爲，若你想成功扮演領導人的角色，你必須對書中提到的每個技巧都達到一定的熟練程度。只要你忽略其中任何一項技巧，或低估其重要性，那麼你坐在領導者這個位置的時間，必定會迅速縮短。我們都知道，這個世界上已經存在太多針對領導力的建議了，你隨時都有可能因爲試圖記住你在特定時刻該做的數百件不同的事，而迅速陷入「分析癱瘓」中。我們希望本書能解決這個問題，因此篩選了所有建議，最後總結出這幾個關鍵主題；只要你在這些領域中付出努力，就能改善領導技巧，帶來巨大的改變。

由於本書的焦點在於所有領導者都能應用的執行長經驗，因此，關於執行長這個角色的某些層面，我們將不做討論。如果這是一本專門寫給執行長的書，我們就會提到執行長容易遇到的其他關鍵試煉，包括資源分配（支出、資本與人力）；合併與收購；管理董事會、投資人、監管機構與顧客；高風險決策流程；建立產品或服務管道，以確保未來在財務上與競爭力上都能取得成功。制定策略的其中一個步驟，就是需要決定做哪些事與不做哪些事，而我們決定不撰寫那些只有執行長容易遇到的試煉，如此，才能最大化本書對所有階層的領導人帶來的幫助。

領導能力就像一座巨大的帳棚，裡頭有許多空間足以容納不同的意見與方法。因此，我們決定多花一點時間，在接下來這幾頁中，分享我們對於領導力這個令人困惑的主題有何看法。

首先，我們認為領導人不該用同一套領導方法解決所有問題；你應該要依照以下三點大幅調整自己的領導方法：

- 你的經驗、能力與個人特質。

- 你領導的團隊的整體能力與整體特質、團隊成員的個體能力與個體特質。
- 你領導團隊時的背景脈絡（小團隊或大團隊？新創公司或傳統公司？目標是小幅改變還是大幅成長？）。

從你開始領導的那一刻起，這三個變數就會創造出無限多種排列組合，你會因此覺得領導團隊就像在一個不斷變化的多層次棋盤上下棋。由於領導力會因為團隊狀況而出現巨大的變化，所以我們不會使用捷徑或填空表格。想要成爲一名高效能的領導人，你必須花時間自我審思並投入努力。在領導力中，最簡單的幾個問題如下：**你的策略是什麼？對你領導的團隊來說，成功應該是什麼樣子？**這些問題雖然是最簡單的，但往往也是最難回答的。我們向你保證，我們將會幫助你加速學習曲線，並提供對於高效能領導而言最重要的觀點、故事與工具。歸根究柢，最好的領導力建議須有助於你放慢速度，如此一來，你才能更精確地預測、理解與標記當下情勢的各種細微動態，然後將這些情勢轉變成更好的結果。在我們看來，分享這些來自資深執行長的故事、經驗、觀點與技巧，正是幫助你取得這些智慧的最佳方法。

我們希望本書具有互動性。每當你理解一個觀點後，都必須花時間決定你要如何將該觀點套用在你身為領導者的角色與所處的狀況中。從這個意義上來看，這本書就像領導力本身一樣，是一種羅夏墨跡測驗＊。對你來說充滿新意的觀點，對其他讀者來說可能是老調重彈。你可能會認為某個範例不適用於你的產業，同時也會發現其他幾個範例和你的產業直接相關。你讀到的見解可能是你曾聽過、但你急需在這個當下再聽一次的。我們的目標是開啟對話，而非結束對話。我們希望能提供指引與基本架構，幫助你完善你的思路與策略，精進對你而言最重要的領導能力。

我們提供的方法比較貼近田野調查與實務執行，而非理論與意識形態。論及領導能力時，我們很容易遇到一個令人困惑的狀況：無論任何人說出任何與領導力有關的話，你都會覺得這些話在某種程度上很可能是對的。事實上，在有關領導力的文章中，鮮少會有錯。但問題在於：僅僅因為一句話沒有錯，並不代表這句話稱得上是一種觀點。領導力的領域中，充滿了陳腔濫調與老生常談。人們在談論領導力時，常會強調**自己認為**重要的部分。這些都是針對意識形態的討論，不易引發爭論，因爲這些對話比較像是在談論你要如何以領導人的身分過上成功的人生，而非討論高效能領導力的必備要素。確實，你可能會覺得這些說法模稜兩可（在領導能力與人生的各個層面中，眞確性都是至關重要的一件事），但我們將會在本書中清楚區分這兩者，並將焦點完全擺在高效能領導力的技巧與實務上。我們不會圍繞「什麼是領導力？」進行哲學性討論，也不會嘗試在某個字詞前添加一個新的形容詞，以創造出精闢的短語；我們會把焦點放在**如何進行高效能領導**上。本書的重點，在於深入且廣泛地挖掘數百位傑出領導人的經驗，並將他們的故事與觀點融入生活中（大多是直接引用他們說過的話）。

* 譯注：羅夏墨跡測驗（Rorschach test）是一種心理測驗方法。分析師提供對稱墨跡圖給受試者，讓受試者回答看到了什麼；分析師會依據受試者的回答判斷其心理狀態。

雖然市面上有許多優秀的領導力相關書籍使用的是學術性架構，但本書並非學術著作，不會使用大量數據來支持我們的發現。從本質上來說，我們的「數據」不是數字，而是質性資料，其中包括亞當在採訪過程中獲得的六百萬字文本，還有凱文在長期擔任高階主管、執行長，以及其他高階主管的導師時，所獲得的深入且廣泛的經驗。在這些質性資料中，我們看見了清晰的模式與主題，也相信領導人能從中獲得寶貴的觀點。你將負責評斷我們是否通過了我們為自己設下的試煉：寫一本書，幫助你成為一名更高效能的領導人。

隨著各行各業的瓦解速度逐漸加快，領導也變得愈來愈艱難。我們非常敬重高效能領導人的力量：他們能夠建立組織，並激發工作者的最佳表現。與此同時，我們也看過太多糟糕的領導案例，這些領導者會撕裂組織，對員工造成嚴重的情感傷害。無論你是一名執行長，或者你的職涯才剛起步，我們的目標都是協助你精通對高效能領導力而言最重要的試煉。做好準備，邁向成功。讓我們開始吧。

| 第一項試煉 |

你能為策略發展出一個簡單計畫嗎？

將複雜事物簡單化，是領導人的超能力。

「你有傑出構想，那又怎麼樣？」本書共同作者之一凱文在擔任安進藥品執行長時，經常在會議一開始用這個令人精神爲之一振的問題作爲開場白，與資深領導人進行一對一會議時，尤其如此。他提出這個問題，並不是想要無禮地挖苦對方，事實上，他在提問時通常面帶微笑。如果他和開會對象沒有那麼熟識，比如一名顧問進到他的辦公室向他提出某個構想時，他會用更詳盡的方法詢問對方。首先，凱文會請對方描述自己的傑出構想，接著追問：「我們要如何執行這個構想？這個構想成功時會是什麼樣子？」每當有人提出構想，凱文都會設下挑戰：**你能明確指出這個構想的本質及其重要性，以便快速切入重點嗎？**過去數年來，他也曾使用過不同的技巧來獲得同樣的成果，例如使用譬喻向團隊傳達他所抱持的期待：「在提出構想前先釐清全貌。不要在走進我的辦公室後，才把一大堆散亂的拼圖丟在我面前開始慢慢拼湊。我希望你能告訴我，你對這個點子有什麼預想。眞相就像是一幅馬賽克鑲嵌畫，事實則是組成這幅畫的磁磚，而我們永遠也不可能湊齊所有磁磚。」對於任何準備了四十頁簡報用以解說構想的人，他會請對方把簡報放在一旁，直接做內容總結。他會毫不留情地要求提出新構想的成員負起責任，把點連成線，用簡單又不會過度簡化的用語解釋其想法——就像那次財務長走進他的辦公室，提議把所有的製造生產線轉移到波多黎各一樣。財務長用短短幾句話，就解釋完這個傑出構想與「那又怎麼樣」，他指出，光是稅務激勵措施，效果就如同研發出新的暢銷藥物，將對公司的財務帶來重大影響，也能消除公司兩間加州廠房位於聖安德魯斯斷層上、所需承擔的風險。透過多年的規劃與數十億美元的投資，安進藥品的主要製造業務，如今都已經成功轉移到波多黎各。

凱文在二十多歲時養成了不斷要求簡化的習慣，當時，他是一艘快速攻擊型核子潛艇的工程官。他必須在腦袋裡解構與重新建構這艘潛艇，熟知每一個零件及其共同運作的方式，也必須知道各種重大災難會如何發生，以及該如何應對。他為了向自己解釋潛艇的運作方式，開始練習繪製他戲稱為「蠢蛋圖解」的圖表。他的目標是創造出一個足以描述極端複雜事物的最簡單層次架構，利用這個架構，他可以逐步深入細節，並將這個立體架構刻在腦海中。

凱文在職涯後期加入安進藥品後，必須迅速學會他從沒接觸過的生物科技，但他精通以網絡和多重反饋迴路爲基礎的機械與電力自動控制系統，因此，他意識到人體的運作和核子潛艇非常相似，至少在整體系統方面是如此。基於這個觀點，他創造出與安進藥品科學家對話的架構，藉此理解不同的藥物如何影響身體。當然，他不可能像科學家一樣了解藥物的運作機制，但當他和科學家討論時，至少能站在同樣的高度上對話，幫助他理解潛在新藥的科學原理，以及這些新藥會對安進藥品帶來什麼影響。「我在潛艇上工作多年，所以很了解自控系統。」凱文說，「因此，我能夠將這套系統類推到生物學上，並找出最需要提出的五個問題。」

凱文提出的「傑出構想」挑戰，無疑是決定領導者成敗的一項關鍵試煉，也可說是最重要的一項試煉。這項試煉需要發揮「將複雜事物簡單化」的核心技巧；當領導者面對大量資訊與無限選擇時，想要找到正確方向並從中獲得優秀見解，「將複雜事物簡單化」絕對是一項必要工具。這項能力代表的是，你能迅速理解任何議題的本質概念（一個融會貫通的關鍵點），並掌握其重要性與實質意義。將複雜事物簡單化的能力，是一項必要的時間管理工具，宛如領導力中的瑞士刀，有了它，你就能迅速理解充滿不確定性與風險的複雜主題，工作的效能與效率也會更高。此外，這項能力還能幫助你在帶領團隊面對挑戰與執行策略時，進行簡單清晰的溝通，成功贏得團隊夥伴的信任。目前爲止，將複雜事物簡單化的技巧仍未普及，領導人必須刻意練習這項技巧，並要求其他人一起實踐這項能力。本書就是一個將複雜事物簡單化的練習，我們的目標是把艱難的領導藝術精煉成一套所有領導人都能應用的觀點，並化爲簡明扼要的執行指南。

在論及這項技巧時，領導人必須面對的一項關鍵測試，就是他們能否利用這項技巧，將公司試圖實現的目標描繪成一個清楚明瞭且激勵人心的計畫。領導人能不能站在員工面前，用精簡又令人印象深刻的方式，解釋公司的發展方向及其原因，並提出相應的計畫、時程與衡量進度的方法？無論在任何組織裡，這項能力都是最重要的基石。如果團隊無法徹底理解共同的目標及其重要性，領導人將難以引導團隊站在同一陣線上，這會使得團隊中的每個人對於成功抱持不同的定義和想像，對於各自的工作能爲業務做出何種貢獻，也會有不同的理解。你的團隊或許很努力工作，但他們將會因爲整個組織沒有同步而浪費許多精力，進而引發有害的穀倉效應。這就是所有領導者都會遇到的第一個執行長試煉：他們能否創造出一個簡單明瞭的計畫，讓所有人都朝著同一個方向前進？「領導者的責任就是把複雜的事物簡單化，而且必須是正確的簡單化。」凱文說，「你不可以提出一個錯誤的簡單計畫；它必須是簡單而正確的。」

在本書作者之一亞當採訪六百多位領導人的過程中，這個主題也經常得到許多領導人的回應，有些人分享了自己觀察到的一件事，即資深主管往往難以清楚描述出自身願景。亞當在梅立克公司指導高階主管時，也常發現同樣的問題。在領導人必須面對的數百種互動中，最棘手的對話之一，往往始於一個非常簡單的問題：「你的策略是什麼？」這個問題之所以難以回答，並不是因爲領導人沒有計畫，而是因爲對他們來說顯而易見的計畫，在其他人看來卻難以理解。

許多資深董事會成員都認爲，這是個非常少見的技能。「執行長可能會對於某個構想或願景充滿熱忱，但他們其實不太確定自己的目標爲何。」私募公司華平投資集團（Warburg Pincus）的前合夥人克利斯・布羅德（Chris Brody）說道。他擁有數十年的公司投資經歷，曾在各種規模不一的公司擔任過董事會成員，其中也包括直覺電腦軟體公司（Intuit）。他接著說道：「如果他們沒辦法把目標描述給其他人聽，就會爲了達到目標而虛耗許多寶貴的資源。我常看到領導人對含糊不清的目標抱持過多熱忱，導致人們感到困惑。」

> **「令我訝異的是，我看過太多公司在跳入兔子洞時，並沒有意識到他們在這裡其實沒有獨特性或真正的優勢。」**
>
> ——唐・諾斯，高樂氏公司前執行長

唐・諾斯（Don Knauss）是高樂氏（Clorox）公司的前執行長暨資深董事，他說，他希望領導人能清楚描述公司「在財務上的眞正方向」——也就是有效地將複雜事物簡單化後會得到的結果。正如他所解釋的：「無論公司如何描述自己將會成爲市場上的贏家，當你把這一層層的描述如同剝洋蔥般剝開後，最重要的其實是『成爲贏家的權利』。你必須擁有客戶會重視的獨特性。令我訝異的是，我看過太多公司在跳入兔子洞時，並沒有意識到他們在這裡其實沒有獨特性或眞正的優勢，無論在成本結構或能力上都是如此，他們無法成爲市場上的贏家。如果你沒辦法在基本面上找到優勢，很快就會發現這家公司只有兩個可能性，一是他們在推銷的是騙人的把戲，二是他們眞的有機會能成爲贏家。」

爲何有這麼多領導人會覺得這項挑戰很困難？原因有很多，但最大的原因是「策略」。這個詞對於不同的人來說可能代表著不同的意思。就我們的經驗來看，當你請某個人描述策略時，你聽到的答案很可能會是過於遠大的抱負或願景，不然就是公司現在正在做什麼的大致敘述，你鮮少會聽到有人說想要用什麼策略達成什麼目標。也有些人在描述策略時會過於極端，詳述一串又臭又長的短期優先事項。由於人們在解釋策略時，要麼非常模糊，要麼太過詳細，唯獨漏掉了中間地帶，因此，我們稱一種剛剛好的描述方式爲「簡單計畫」。

廣義上來說，簡單計畫的目的是幫助領導人爲員工解答兩個問題：**我該執行什麼工作？這些工作為何重要？**所有員工都應該獲得這兩個問題的答案，且這些答案必須符合一個關鍵標準：「一定要清楚明瞭。」諾華公司（Novartis）前執行長約瑟夫．希門尼斯（Joseph Jimenez）說道，「答案不但必須清楚明瞭，還必須讓組織中的每一個人都能夠理解，他們必須對該目標具有遠見，也要明白他們的工作將如何幫助大家前往未來。你需要把策略分解成最基本的要素，讓所有成員都知道我們要如何成爲贏家，以及我們眞正追求的目標是什麼，如此一來，他們才能把這件事牢記在心中。」

然而，這通常不是公司會在全體會議中告訴員工的事。領導人往往會在會議上使用簡報來介紹策略，例如在簡報中列出六大要點，並附上一個色彩繽紛的分層金字塔，上面可能還會加上一兩個彎彎曲曲的箭頭。這些簡報在當下看起來或許有意義，但如果沒有人能記住這些內容，又或者員工不確定自己該如何為這項策略做出貢獻，你的簡報就只是在浪費時間。你必須認清現實：多數人每天能記住的事情只有三四件而已。我們可以從許多執行長傳達給員工的複雜訊息中看出，他們似乎不理解人類的記憶極限。我們在梅立克公司和領導團隊合作時，經常會在舉行異地會議*之前，先進行討論，要求團隊中的每個人向我們解釋公司的策略。通常，每個人的答案都會有很大的差異。

「這就是我們想要去的目的地。我們要這麼做才能到達那裡。」

——羅伯特．艾格，華特迪士尼公司董事長

不過，高效能領導人都確實理解簡化的重要性。這就是為什麼華特迪士尼公司的羅伯特．艾格只要找到機會，就會向員工提醒迪士尼的三大優先事項。艾格從上任的第一天起，就不斷宣揚這三大優先事項，它們是艾格的領導核心，重要到艾格在迪士尼網站的個人介紹頁面中，第二句就提及：盡一切努力產出最有創意的概念；促進創新並運用最新科技；擴展到世界各地開發新市場。「你必須用清楚易懂的方法反覆告訴員工，你的優先事項爲何。」艾格在自傳《我生命中的一段歷險》（*The Ride of a Lifetime*）中寫道。「如果你沒有用清楚易懂的方式描述優先事項，你周遭的人便不知道該怎麼做。團隊將會浪費時間、精力與資本。只要你成功讓周遭的人省下每天猜測該做什麼的心力，他們（與他們周遭的人）必定會士氣大振。許多工作是十分複雜的，需要我們投注大量的專注力與精力，但傳達這種訊息其實很簡單：這就是我們想要去的目的地，我們要這麼做才能到達那裡。」

＊譯注：異地會議（off-site）指的是在公司之外的地點所召開的會議。

麥當勞正是因爲簡化能帶來益處，所以早年堅持不懈地把焦點放在四大領域上：品質、清潔、服務與價值（quality、cleanliness、service、value，簡稱QCS&V）。雷·克洛克（Ray Kroc）將麥當勞從在地連鎖店打造成跨國企業，他實在太常複述這四大目標了，以至於他曾說過：「假如我每重複說一次『品質、清潔、服務與價值』就能拿到一塊磚頭，我大概可以用這些磚頭砌一座跨越大西洋的大橋了。」[1] 麥當勞的領導團隊在二〇一七年更新策略時，創造了一個類似的簡單標語，作爲成長策略的核心：「保留、收復與轉化」，意思是他們要保留現有的好客戶，贏回過去流失的客戶，並把偶爾光顧的客戶轉化爲時常來訪的固定客戶。

尚恩·雷登（Shawn Layden）於二〇一六年接任索尼（Sony）互動娛樂全球工作室董事長一職，他很清楚簡化能帶來的好處，因此，當全球團隊詢問他的計畫時，他爲他們奠定了三大準則。「我會把這件事描述得非常簡單明瞭。」他說，「當你想出新的遊戲構思並準備提案時，只需考慮這三件事：最先、最好與必要。『最先』代表的是，你是否正要創造出一個前所未見的新遊戲？『最好』代表的是，你要提出的構思是不是該類別的遊戲中最好的？『必要』代表的是我們應該要做的事，例如開發一款遊戲來支援索尼開發的虛擬實境頭戴式裝置。如果你的遊戲構思既不是最先，也不是最好，又不是必要的話，那我們就不會製作這款遊戲。」

正如前述各種案例所呈現的，將複雜事物簡單化是領導人必備的關鍵技能，那麼，你要如何建立一個簡單計畫，讓所有人都能遵循同一個策略呢？雖然我們非常希望能提供一份實用的流程清單，讓你能依照上面的速成法寫出一個簡單計畫，但這種做法是行不通的，畢竟你的目標是將複雜的事物簡單化，而不是過度簡化。儘管如此，我們還是可以提供一個概念上的架構，幫助你和團隊發展出簡單計畫，我們也可以分享一些觀點來引導你避免重蹈覆轍，而這些觀點是我們和一起合作的眾多領導人從經驗中發展出來的。你必須投入一定的時間引導你的團隊設下共同目標、創造出能夠達到目標的簡明計畫，並開發出一套衡量進度的方法。擬定一個簡單計畫，宛如爲火箭設置軌道，只要角度有一點點偏差，到了最後，著陸的地點將會和目標地相去甚遠。雖然你必須在這段過程中付出耐心與時間，但這樣的耐心所帶來的獎勵，是你得以用更快的速度成功執行你的計畫。「在我接下這個職務後，我在正式上任前有九個月的過渡期，這段時間，我帶領團隊重整了我們的策略。」安永會計師事務所（Ernst & Young）的美國分公司董事長暨管理合夥人暨美洲區管理合夥人凱莉・格里爾（Kelly Grier）說道。「我們仔細考慮了每個決定，也分析與討論了所有數據。最後，我們達成一個共同的願景。我們因為坦誠對話而建立起信任，又為了更全面的思考而做出承諾，這樣的信任與思考推動了不同的思維。」

那麼，你要如何制定一個簡單計畫呢？我們將會反覆提醒你，就像本書中的其他概念一樣，建立簡單計畫這個概念，目的是和你的團隊開啟有建設性的對話，而不是針對主題提供結論。我們也希望你能注意到，有人已經創造出值得效法的架構，同樣能達到簡單化與獲得共識的目標。葛瑞格・布藍諾門（Greg Brenneman）是私募股權公司CCMP資本（CCMP Capital）的董事長，他在公司轉型策略方面有多年的豐富經驗，經歷包括美國大陸航空（Continental Airlines）、酷食熱潛艇堡（Quiznos）、漢堡王（Burger King）和普華永道顧問（PwC Consulting）。當他在考慮是否要加入或收購某家公司時，總是會用他自己發明的一頁分析法來評估該公司。他會把一張紙分成四欄——市場、財務、產品、人才，並寫下該公司在這四個領域上，分別能採取哪些關鍵行動來改善前景。「如果我沒辦法在一頁之內寫好計畫，或是很難找出有效的關鍵手段，那我很快就會知道，這間公司還是交給別人來管理比較好。」布藍諾門在他的著作《即刻行動》（*Right Away & All at Once*）中如此寫道。英特爾（Intel）針對目標與關鍵結果創造了一套名爲OKR的方法，包括谷歌在內的許多公司都採用了這套方法。顧客關係管理公司賽富時（Salesforce）的馬克·貝尼奧夫（Marc Benioff）創造了「願景、價值、方法、障礙與衡量」架構（vision、value、method、obstacle、measure，簡稱V2MOM），以引導公司裡的所有人一起追求相同的目標。

這些方法各有優點，不過，我們在和這些資深領導人及其團隊合作時發現，「任務」和「願景」這類的詞都和「策略」一樣，具有羅夏墨跡測驗效應。這些詞語對不同的人來說，代表不同的意義，經常會引發團隊針對意義與目的，展開存在主義式對話，甚至因此忽略了當下該執行的任務：研發一個簡單明瞭的計畫來**幫助公司發展**。

我們發現，最有用的架構是哈曼國際工業（Harman International）前執行長迪內許・帕里瓦爾（Dinesh Paliwal）發明的一套方法。他說：「現在，我們每次和董事會開會，都會用言簡意賅的方式，在一頁之內報告完每項商業策略。這句話裡的目標與核心訊息是什麼？我們正在採取的三大關鍵行動是什麼？我們會面對哪三大挑戰？我們要如何衡量十二個月內的成功程度？我的董事會成員在讀完這些以後，會更容易理解這些計畫。簡化訊息不但是一門藝術，也是一項訓練，你不可能在一天之內掌握這項技巧。絕大多數人並非天生就具有這種能力。這是工作，而你必須花時間練習。」

讓我們更仔細地檢視帕里瓦爾提出的模型中的每一個要素，無論是哪個階層的領導者，都能應用這些要素向特定團隊、業務單位或部門清楚解釋目標與策略。

「用一句話描述核心訊息」其實就是在回答凱文的問題：「你的傑出構想是什麼？」重點並不在於你要做什麼工作，也不在於描述業務或總體方向，而是在於你決定要達成什麼目標。在我們和各個團隊合作的期間，我們發現，換個情境有助於避免他們離題。請想像你正試著向一群疑心病很重的投資人募集資金，就像實境秀節目《創智贏家》*一樣。或者，你也可以想像你是在爲不耐煩的董事會成員準備做五分鐘的三頁簡報，他們想知道的是：「你把我們給你的資源都用到哪裡去了？」又或者，你正努力想要招募行業中的頂尖人才，對方同時也在考慮其他五個工作（全都來自你最大的競爭對手），而你必須用最具野心、最明確的方式說服這個人，說明他爲什麼應該加入你的團隊。你要如何制定計畫，才能成爲贏家？

在紐約時報公司於二〇一五年發行的紀錄片中，我們可以看到這類傑出構想的絕佳範例。當時，紐約時報公司的前景十分黯淡。過去數十年來，印刷品廣告的收入一直都是報章雜誌業的基石，如今，這塊收入正在急遽下降，而來自數位廣告與數位訂

---

* 譯注：《創智贏家》（*Shark Tank*）是一部美國競賽節目，每次會找數名創業家向五位資深投資人做簡報，爭取投資資金。這些資深投資人在節目中被稱作「鯊魚」。

閱的收入又成長得相當緩慢。公司的領導團隊設立了一個遠大的目標：「我們設定的目標是要在接下來的五年內，將數位收入變成兩倍，在二〇二〇年達到八億美元以上的純數位收入。爲了達成這個目標，我們必須把數位讀者的數量變成兩倍，因爲他們既是消費者，也是廣告收入模式的根本。」[2]這就是他們的傑出構想——他們只用兩句話，便清楚描述了目的、原因和簡明扼要的方法。

現在，我們有了足以作爲指南針的明確目標，是時候開始繪製通往目標的地圖了。你要使用哪些關鍵手段，才能成功達到目標？關鍵手段的數量當然不會有十個那麼多，正確的數量應該落在三到四個，而且你不能在列出這些手段時提及你已經在做的工作。你要更密集且專注地把資源投注在哪裡？就紐約時報公司而言，所謂的關鍵手段包括打造跨國閱聽者，透過創造更有吸引力、更完整的廣告體驗來增加數位廣告數量，藉此收取更多廣告費用，進而改善讀者的顧客體驗。

一旦清楚描述了團隊該採用何種手段達成長遠的目標後，你的組織架構就應該要反映出這些手段，你要分派最頂尖的人才負責這些行動。唐納・高哲爾（Donald

Gogel）是私募公司克杜瑞（Clayton, Dubilier & Rice）的董事長，他在與克杜瑞的投資組合中的其他公司進行策略檢討會議時，經常提及這一點。「最重要的問題之一是：你有沒有指派最好的人才執行最關鍵的計畫？」高哲爾說，「我們在會議一開始就提出問題：公司的五大優先事項是什麼？是誰在爲這五大優先事項配置人員？這些人要向誰報告工作進度？公司往往會因爲位階較低的員工較有空閒，便指派他們負責執行最重要的計畫。但如果你眞的認爲這些是最重要的計畫，就必須派出最好的員工來執行，否則，組織中的人會接收到前後矛盾的訊息。你必須確保頂尖人才都在執行對組織來說最優先的關鍵計畫；但大多數公司往往會忽略這個基本的事實。」

在清楚描述了三到四個重要目標之後，另一件同樣重要的事是明確理解公司當下遇到哪些挑戰。這對某些主管來說可能很困難，因爲這些主管比較想成爲激勵人心的啦啦隊隊長，即便整支團隊已充分意識到他們正處於逆境中也一樣。紐約時報公司在二〇一四年遇上了考驗，當時公司內部有一份編輯團隊文件〈創新報告〉（Innovation Report），原本只供公司內部的少數領導階層閱讀，卻被洩露給

BuzzFeed，變成了一篇公開報導。這篇報告中的用語非常直接（亞當是當時的編輯團隊成員，他爲這份報告做了調查，也是撰寫者之一），記錄了紐約時報當時面對的多項挑戰，包括各自爲政的文化、把過多又過時的焦點放在印刷報紙和網站首頁上，以及太晚採用各種拓展閱聽者的技巧——當時 BuzzFeed、哈芬登郵報（Huffington Post）和其他網站，都已經以更有效能的方式使用這些技巧了。想當然耳，相較於把內部報告洩露出去，當時應該有很多更無痛、也更隱密的做法能夠達到同樣的效果，例如領導團隊可以在公司內部公布他們目前遇到的挑戰。然而，無論做法爲何，目標都是讓全公司對於未來的困境有共同的理解。

最後，你還需要找出衡量進度的方法。你的計分板是什麼？以紐約時報公司爲例，最關鍵的衡量方法就是追蹤數位訂閱的成長量，因爲數位訂閱是業務流量的一大指標，公司的忠實讀者愈多，就能吸引愈多廣告商。我們將在第四章的數位轉型案例研究中，更進一步分享紐約時報公司的領導方式，目前，我們只需要知道該公司執行了簡單計畫，順利提前達到八億美元的數位營收目標。

紐約時報公司的案例能直接應用在其他公司或產業上嗎？當然不能。紐約時報當時正因爲傳統商業模式不穩定而急需找到新方向，但在不同產業中，擁有大量業務組合的老牌跨國公司則沒有這種問題，其他可以靠著當下策略帶來不錯成效的公司也同樣沒有這種問題。正因如此，把複雜事物簡單化才會是一個至關緊要的關鍵試煉。領導人必須負責打造簡單計畫，藉此激勵組織，並建立追求共同目標的動力。只要你做對了，公司中的每位成員都會團結起來，爲了在市場上成爲贏家而努力。他們將會擁有清晰的方向，並感到自己有能力繪製地圖。但是，若目標有所偏差，你只會創造出一份用意不明、語意不清的文件，導致員工只聚焦於自身工作上，卻不清楚這些工作與遠大的目標有何關聯。

在我們和領導團隊合作的過程中，我們發現許多團隊都會在剛開始發展簡單計畫時遇到相同的挑戰，因此，在你發展屬於你們的簡單計畫時，請將下列技巧牢記在心。

聚焦在結果上，而非優先事項上

進行討論時，請不要把重點放在「我們要做什麼工作？」請先捫心自問：「我們要達成哪些重要事項？有哪三或四個重要事項，如果我們能在接下來的十二個月內達成，就能把這一年變成豐收的好年？」耐吉（Nike）的執行長約翰・多納霍（John Donahoe）帶領團隊時，使用的正是這個方法。「爲了優先而優先的工作方式很危險。」他說，「優先事項應該要與你想達成的特定成果相匹配。優先事項必須是可衡量的，但不一定要是數字。我可能會定下今年的目標，並且希望在年末時，依然覺得這些目標很棒。也可能是在接下來的一年內，發表一樣或兩樣新產品。並非所有事物都能用數量計算，重點在於，我們有沒有達到想要的成果？以及，我們能不能找出達到成果之前需要完成的事項？」

安泰人壽（Aetna）前執行長羅恩・威廉斯（Ron Williams）利用一個巧妙的比喻，幫助他的團隊在規劃工作流程時，聚焦在特定成果上。他說：

我常用一個很簡單的方式向人們解釋策略，我告訴他們，這就像是你擁有一部時光機。你走進時光機裡，去到五年後的未來。你走出時光機，仔細觀察周遭一切事物。誰是贏家？他們爲什麼能贏？未來正在發生什麼事？接著你走進時光機，回到現在。你的策略是通往未來的那座橋梁。這樣的比喻有助於人們擁有一致的目標，並爲組織提供非常清晰的資訊。他們可以透過這個比喻稍微理解你如何定義現實，也會更清楚你將把組織帶往哪個方向。由於你所描繪的願景是生動而明確的，所以能幫助他們心懷希望並獲得啟發。等到你創造出這種結構化的共識之後，就能讓整個組織一帆風順地迅速前進。你制定這些計畫與策略，並不是因爲未來將會如我們設想的那樣發展，而是因爲你可以在未來的發展不如預期時，清楚知道你要改變什麼、要怎麼做。

威廉斯的時光機比喻提到了另一個很重要的考量：你必須事先決定計畫的時長。一年期的計畫可能比較適合初創的新公司，而三至五年的計畫則比較適合更穩定的大型企業。

使用不帶情緒的遣辭用句

簡單計畫的目的，並非爲了讓每個人都有空間可以做自己想做的事；我們的目標是提供一份簡單扼要的行動綱領給高階管理團隊。得在哪些領域投注更多，或是需要關注新的領域，才能達成目標？請仔細檢查文件中的遣辭用句。如果你的條列事項開頭就是「繼續執行」或類似的詞語，這些文字就不應該出現在這裡，因爲這些事項想必是你們公司一直以來都在做的事。

請去掉花俏的形容詞與專業術語。你可以使用人力仲介公司ＡＭＮ醫療保健（AMN Healthcare）的執行長蘇珊・索卡（Susan Salka）從她父親那裡學到的測試方法，她說：

「你能創造出一個連最前線的員工都能理解的願景，並觀察他們適應得如何嗎？」

——蘇珊．索卡，AMN醫療保健公司執行長

他應用的其中一個表達技巧是盡量保持簡單易懂，並讓人們覺得待在你身邊很自在。如果有人把話說得天花亂墜、使用各種專業術語、把事情描述得太複雜或試圖賣弄才學，他會說：「你能把事情解釋得連牛、雞和馬鈴薯都聽得懂嗎？」我以前總覺得他的這種說法很蠢——牛、雞和馬鈴薯之間哪有什麼關聯？但在許多年後，我意識到他的意思是你應該在描述事情時保持簡單，不要把事情複雜化。我在成爲領導人後逐漸學會了這一點。你的策略和業務可能很複雜，但你必須用非常容易理解的方式來

解釋這些事情。你能創造出一個連最前線的員工都能理解的願景，並觀察他們適應得如何嗎？

別讓自己太安逸

若你在制定簡單計畫時做對了，就一定會遇到一個挑戰——將會產生事業危機。在制定簡單計畫時保留過去已在執行的優先事項、但心中未懷有特定目標或成果，這種做法固然比較輕鬆，也可能保證成功。然而，你的簡單計畫應該要擁有一定的野心，至少要能讓你的團隊全都產生「我們眞的做得到嗎？」的疑問，同時，這個計畫還要有相符的薪酬方案，以激勵團隊達到共同目標。雖然領導人的任務應該是設下高標準，但多數執行長都有很好的個人理由不去設下太高的標準，即便最高階的領導人亦是。他們可能花了好多年辛勤工作才得到現有的職位，並希望能享受這個位置久一點，所以他們在制定工作目標時，可能會得過且過地應付過去，把重點放在較不重要的小調整上——這些小修小補通常很符合醫師的誓言：最重要的是不造成傷害。「我還記得我曾告訴一位執行長，我不想再聽到他說『重點在於過程』這類的話了。」華平投資的前合夥人克利斯・布羅德說，「我比較想知道目的地在哪裡。」

避免「專家症」

有些人會因爲過於沉浸在自己的工作領域中，導致太過敏銳地感受到細微的差異，因而難以綜觀大局，無法見樹又見林。對他們來說顯而易見的事情，對其他人來說並沒有那麼昭然若揭，所以，他們會以爲每個人都明白簡單計畫中某些要素的重要性——讓我引述和我們合作制定簡單計畫的其中一位領導人的形容——這些要素「就像母親和蘋果派一樣珍貴」。取而代之的是，他們會更深入研究細節部分，把焦點放在內部問題上，例如下一季活動的決策權和預算，而不會去關注為了成為市場贏家、所真正需要執行的關鍵手段。高效能簡單計畫的其中一個特性是，這個計畫看起來會顯得理所當然，例如艾格在領導迪士尼時採用的三大優先事項。你可能會覺得「這些優先事項不是顯而易見的嗎？不然還會是什麼？」但事實上，這三大優先事項正是迪士尼能長期成長的重要動力，也是艾格能成為一名傑出執行長的關鍵原因。人們表現出「專家症」（expert-itis）的另一個原因是，複雜的工作能讓人感到有保障，他們的想法可能是：「我是唯一能夠理解這件事有多複雜的人，所以公司不能沒有我。」領導人的工作是捕捉重要事物的本質。「如果你詢問那些執行長：『什麼是最重要的事？』很多人會給你一份寫得密密麻麻、長達二十頁的報告，聲稱這些是他們的優先事項。」CCMP資本的布藍諾門說，「這種東西是沒有用的。你的一頁計畫表在哪裡？」

測試你的簡單計畫

你要怎麼知道你的簡單計畫是否正確？在你與領導團隊制定出簡單計畫後，你就可以開始和關鍵焦點小組一起對這個計畫進行壓力測試了。你的關鍵焦點小組就是你的員工，若你是執行長的話，焦點小組還要包括董事會的關鍵成員，畢竟，你終究還是需要董事會同意這項計畫。哪些事情足夠清楚明瞭？哪些事情不夠言簡意賅？哪些事情有所缺漏？員工都能了解他們的工作和計畫之間的關聯嗎？他們知道每天該專注在哪些工作上，以及這些工作爲何重要嗎？他們是否明確地使用計分板來衡量進度？你的策略是否足以令人難忘、甚至能通過走廊試驗——當十幾名員工在會議結束後走動時，你在走廊上隨機攔住他們，請他們闡述你在會議上發表的策略，你會聽到一致的答案，還是十幾種不同的敘述？對於你的所有關鍵受眾，包括員工、董事會、客戶與投資人，你的簡單計畫都應該要是同一個。

「如果你詢問那些執行長：『什麼是最重要的事？』很多人會給你一份寫得密密麻麻、長達二十頁的文件，聲稱這些是他們的優先事項。」

——葛瑞格・布藍諾門，CCMP資本董事長

假設你已經完成上述所有工作，並且擁有一個簡單計畫。你的簡單計畫簡短易懂，每個人都躍躍欲試，聯手展開工作。恭喜你，作爲領導人，你已經走完領導者該走的一半路程了。

接下來，你要做的是實踐領導力的其中一個關鍵原則：沒有「過度溝通」這回事。你必須不屈不撓地重述你的簡單計畫，無論你覺得你傳達的訊息有多冗餘都一樣。「一開始，我很疑惑我到底要重複多少遍同樣的事。」辦公家具公司赫曼米勒（Herman Miller）的執行長安迪・歐文（Andi Owen）說，「接著我意識到，我的公

司裡有八千名員工，無論我走進哪一個會議場地，一定都會有第一次見到我的人。我的工作就是訂定方向、溝通並激勵員工，所以我必須一而再、再而三地重複這些核心訊息。我原本以為我會把很多時間用來做其他事情，但我每天大多數的時間其實都花在溝通上。」

歐文的看法和希爾頓全球酒店集團（Hilton Worldwide）的執行長克里斯多福．納塞塔（Christopher Nassetta）的觀點相呼應。「身為領導人必須謹慎行事，在大組織中尤其如此。」他說，「你必須不斷和人們溝通相同的事，到最後，你光是聽到這些事就覺得厭煩。你可能會因為實在重複太多次了，以至於認為全世界的人都知道這件事，所以就開始改變敘述方式，或者用比較精簡的說法。但你絕不能停下來。以我自己為例，我的公司裡有四十二萬人需要理解這件事，所以，無論我說再多遍都不夠。在我聽來，它已經是陳腔濫調的舊聞了，但對其他許多人來說，卻非如此。這就是我在更大的組織中工作時，學到的重要一課。」

有些領導人可能不太理解，為何他們需要不斷向員工提醒公司的策略是什麼。畢竟在他們看來，這些員工都很聰明，應該能記住每週都會用到的簡單計畫中的要點。馬庫斯・柳（Marcus Ryu）的觀點能提供一部分的答案。柳是保險軟體公司蓋德懷爾（Guidewire）的董事長暨共同創辦人，他指出：「我後來理解到，無論你溝通的對象有多聰明，只要他們的數量一多，就會集體變笨。所以，在一個擠滿了兩三百人的房間裡，就算所有人都是愛因斯坦，你也必須把他們當作一般人一樣和他們對話。聽眾愈多，你的訊息就要變得愈簡單，同時你的列表也必須變得愈簡短。」

「永遠不要製造真空狀態給員工，絕對不要。因為他們會本能地思考起錯誤的念頭。」

——傑夫・武萊塔，國王贖金顧問公司創辦人暨執行長

重複訊息之所以如此重要，還有第二個理由，我們可以從國王贖金顧問公司（A King's Ransom）的執行長傑夫．武萊塔（Geoff Vuleta）的觀點來理解這件事：「永遠不要製造眞空狀態給員工，絕對不要。因爲他們會本能地思考起錯誤的念頭。」自然界厭惡眞空，只要有眞空就會被塡滿，企業界也一樣。如果領導人一語不發，員工將會自行創造故事，而且，他們通常都會陷入負面思維，編造出各種陰謀論或糟糕的情境。不確定性會創造出不受拘束又具有傳染性的焦慮。

「就算你沒有那個意思，人們也會擅自揣測你就是那個意思。」網路資安公司絕對軟體（Absolute Software）的執行長克里斯蒂．懷亞特（Christy Wyatt）說，「只要有空間，人們就會編造故事。」她在領導另一家名爲優秀科技（Good Technology）的公司時，就曾遇過一個活生生的例子。優秀科技公司與矽谷的其他公司一樣，有一個提供免費零食與飲料的廚房。當時，該公司決定要更換廚房裡的零食販賣機，因此，在更換成新的販賣機前的那一週，舊販賣機中的零食存量變得很少。「由於我們沒有告知員工這件事，而零食存量又在減少，所以他們開始謠傳：『公司快要裁員了』、『大概有不好的事要發生了』。」懷亞特回憶道，「最後，我不得不在全體會議上告訴員工：『各位，不過就是廚房裡的堅果而已，什麼事都沒有。』但人們會不斷尋找徵兆，他們會在可能完全沒有任何意義的地方尋找意義。於是我們開始過度溝通了。你不但必須和員工談論大事，也要和他們討論小事，唯有如此，才能確保他們不至於四處捕風捉影。」

FM全球公司（FM Global）的執行長湯瑪士·羅森（Thomas Lawson）在監督公司的研究小組時，也學到了相同的教訓。有一天早上，他因爲遲到，又趕著參加一場電話會議，所以冒著雨穿越停車場，渾身都溼透了。進門後，他沒有停下來和櫃檯人員打招呼，逕自走入辦公室，關上了門。大約三小時後，研究小組的組長敲了敲門，問道：「我們這邊出了一些狀況。所有人都在說公司的財務出問題了，我們的研究很快就要委外了。」羅森錯愕地詢問是怎麼一回事。「今天是公司公布財報的日子，而你早上走進公司之後，沒有跟任何人說半句話。」他的同事說，「而且你還把門關起來，把自己鎖在辦公室裡。」事實上，公司的財務狀況良好，但羅森因此理解到人們有多容易錯誤解讀他的行爲。「每個人每分每秒都在觀察你，所以你不但必須注意你說的話，還必須注意你的行爲。」他說，「如果你不溝通，人們就會自己創造故事，而且還會是負面的故事。」

最後，請做好準備，你將會因爲永無止境地重複相同的策略而被取笑。如果你的員工開始對你翻白眼，在你還來不及張開嘴巴時、就把你要說的話說完了，那代表他們已經內化了你要傳達的訊息，這是你的一大勝利。要達到這種程度所需的溝通次數，絕對遠比你想像的還要多很多，而且你必須採用各種溝通媒介——全體會議、電子郵件轟炸、網路直播等。在對抗組織內十分常見的集體注意力短缺時，這些方法是非常必要的。

「當你對員工說『我們要往這裡前進，我們要執行這些優先事項』時，常能感覺到他們其實心不在焉。」美國國家女子籃球協會（WNBA）前主席勞蕾爾・瑞奇（Laurel Richie）說，「我常說，這個職位要負責的其中一項任務，就是把所有兔子放進箱子裡。一開始，每隻兔子都在箱子裡，然後，有些人想到『傑出的構想』，決定要去做分外的事，這時候，你必須幫助他們回到箱子裡，讓他們回到隊伍中，然後，旁邊又會有一隻兔子跳出箱子。隨著愈來愈多兔子跳出箱子，我逐漸意識到我在溝通方面失職了，我應該要花更多心力，讓他們了解我們的優先事項是什麼，以及我們應該聚焦在什麼地方。」

每個領導人都有盲點，例如他們覺得自己在他人眼中是這個樣子，實際上，在員工眼中他們卻是另一個樣子，這兩者之間的落差就是他們的盲點（在這個脈絡下，員工的認知才是現實）。而最大的落差往往出現在策略相關的問題上，領導人腦中清晰而簡單的事物，對其他人來說往往不那麼清楚易懂。由於企業界中存有一種自然而然的引力，導致人們想要把事物變得比眞正的狀態（或該有的狀態）更複雜，因此，領導人應該要創造出能對抗那股引力的平衡力量，鍥而不捨地將複雜的事物簡單化，也要發展出不含任何專業術語的致勝計畫，使所有人都能眞正理解、記住，並知道自己要如何爲公司的成功做出貢獻。隨著時間的推進，這個簡單計畫當然會根據不同的行動所帶來的結果與新觀點而逐漸演變。然而，最重要的是，你必須從簡單易懂的計畫開始，如此一來，在市場狀況改變時，你才會知道你要如何調整，以及爲何要如此調整。

「我常說，這個職位要負責的其中一項任務，就是把所有兔子放進箱子裡。」

——勞蕾爾．瑞奇，美國國家女子籃球協會前主席

凱文的問題——「你有傑出構想，那又怎麼樣？」——是非常有效率的簡單起始點。你可以從現在開始，將你們公司的複雜事物簡單化，並制定簡單計畫，確保每個人都同樣理解公司的明確目標與達成目標的手段，以及你們將要面對的挑戰和衡量進度的方法。

| 第二項試煉 |

你能將文化變成實際且重要的一件事嗎？

重點在於言行合一。

企業文化有時會是一件令人惱怒的麻煩事。

首先，光是針對企業文化在公司裡的重要性，就有分歧的看法。有鑑於文化不會出現在資產負債表或損益表的任何一個角落，所以有些人乾脆避而不談，他們對於企業文化充滿情緒的本質感到不耐，只對他們能在直欄橫列的表格中分析哪些數據感興趣。許多員工都認爲，企業文化不過是他們在複選題的框框中打幾個勾之後，就能總結出的一份籠統價值清單，可以放在公司網站的「關於我們」裡，之後，就鮮少有人會再提及。

這個話題有時也會讓員工大翻白眼，而且他們有很好的理由做出這種反應。在現今這個世代，似乎每隔幾個月，就會有一家公司陷入內部引發的醜聞風波中，新聞媒體評判時，總是會不可避免地提到企業文化的問題，例如公司員工（尤其是領導人）的實際行爲與公司推崇的價值之間的歐威爾式落差＊。當初，崔維斯．卡拉尼克（Travis Kalanick）還在領導優步（Uber）公司時，流出了一支影片，他在影片中因爲定價談不攏而厲聲斥責一位優步駕駛。卡拉尼克對那名駕駛說：「有些人就是不想爲自己的〔髒字〕負責，他們把生活中的每件事都怪在別人頭上。」[1]當時，「有原則的衝突」（principled confrontation）是優步公司推崇的價值觀之一。

企業文化也可能成爲領導人挫折的根源，有很大一部分的原因在於，這是個員工勇於說出自身感受的時代，所以領導人無法單方面影響與塑造文化。勞工的要求正逐漸提高，如今勞資雙方的對話已從「公司可以期待與應該期待勞工做什麼」轉變成「勞工可以期待與應該期待公司做什麼」。率先鼓勵員工在工作場合表現自我的，是矽谷的公司。許多企業都邀請員工執行他們「提出反對意見的義務」，而多數員工也將這件事謹記在心，他們通常會透過社群媒體管道，強勢地針對公司的每件事發表意見，從公司對移民法的立場、到公司應該把哪些產品銷售給誰，都包括在內。舉

＊譯注：Orwellian gap，「歐威爾式」一詞源於反烏托邦小說《一九八四》的作者喬治·歐威爾（George Orwell），一般用於形容會傷害公平與自由社會福祉的狀況或概念。

例來說，二〇一八年，有三千一百名谷歌員工共同簽署了一封致谷歌執行長桑達・皮采（Sundar Pichai）的信，抗議公司為軍方研發人工智慧科技。「我們認為谷歌不該利用戰爭來賺錢。」他們寫道。二〇二〇年初，樺榭出版集團（Hachette Book Group）的員工罷工抗議公司出版伍迪・艾倫（Woody Allen）回憶錄的計畫*，最終迫使出版社撤銷該計畫。此外，在非裔男子喬治・佛洛伊德（George Floyd）死亡案引發大規模抗議後，數百名臉書的員工也輪番進行「線上罷工」，抗議公司對總統唐納・川普（Donald Trump）的煽動性貼文採取不干涉的做法。領導人可能會贊同民主的理念，但他們大概不希望自己做的每個關鍵決定，都需要經過員工投票表決才能付諸執行。

雖然領導人在面對這種挫折時，可能會很想要直接舉雙手投降，但是，建立強大的企業文化是領導人的當務之急，也是決定領導人能否成功的第二項試煉。在發展得最好的狀況下，強大的企業文化能幫助領導人招募與留下人才，創造出一個人人都想加入、且加入後會想要維護的特殊社群。如果你做對了，文化將會為員工帶來更深一層的自我認知，理想上來說，這種自我認知能夠和企業目標相輔相成。「企業文化幾乎就像是宗教。」黑人娛樂電視臺（Black Entertainment Television）的共同創辦人羅伯特・詹森（Robert L. Johnson）說，「人們會開始相信它，並逐漸投入其中。你可以忍受公司裡出現少量的異端邪說，但不能太多。」工作將變得更像是人們自我認同的一部分——他們支持的立場、他們想要爲社會做出的貢獻、他們追求的志業。但是，如果公司沒有爲員工訂定具有明確性與一致性的行爲準則，或者高層領導人沒有每天不斷強調並身體力行，那麼企業文化可能會演變成失能、不安全感、恐懼與混亂的源頭。這種時候，企業文化非但無法使員工好好發揮，反而還會帶出員工最糟的一面，就像是創造出一種沒有規則、也沒有裁判的運動。

＊ 譯注：起因是伍迪・艾倫被指控於一九九二年猥褻當時年僅七歲的養女荻倫・法羅（Dylan Farrow）。

「企業文化幾乎就像是宗教。人們會開始相信它，並逐漸投入其中。你可以忍受公司裡出現少量的異端邪說，但不能太多。」

——羅伯特．詹森，黑人娛樂電視臺共同創辦人

我們要在此澄清，就像這個世界上沒有哪個國家擁有「正確的」國家文化，企業也沒有所謂「正確的」企業文化。新創公司的企業文化當然不同於《財富》雜誌前百大的百年老公司。和醫療保險這種與人命攸關的產業相比，講求創造力的公司顯然會擁有較自由的企業文化。不過，認眞維護企業文化重要性的領導人還是有一些共通點，他們會反覆、清楚地描述領導人希望員工基於公司文化做出哪些行爲，也會抓住每個機會要求員工履行企業文化，像是在決定季分紅、年終獎金、雇員、升職和裁員的時候。領導人必須定期進行調查，詢問員工認爲主管的行爲是否符合企業文化——

如果公司沒有嚴格執行此步驟來確認員工的感受，領導人將盲目行事，只憑藉流言與個人判斷來做決定。最重要的是，高層領導人一定要承認並實踐這些企業文化的價值，藉此避免言行不一。一旦企業文化不再像是人們一踩就改變樣貌的沙盤，而是更堅實的平臺後，員工將更有可能打從心底認同企業文化。

爲了幫助你賦予企業文化生命，接下來，我們要和你分享另一家公司建立企業文化的方法，這家公司是位於舊金山的雲端通訊公司拓力（Twilio）。再次重申，我們並非認爲拓力的企業文化相較於其他公司更爲正確，不過，拓力確實是一個寶貴的例子，有助於我們理解一家公司如何創造增強文化的良性循環，以確保所有員工都理解並實踐其企業文化。拓力公司的執行長暨共同創辦人傑夫・勞森（Jeff Lawson）十分重視文化，接著，我們將會詳細檢視這個例子，分享勞森的觀點。

※

勞森年少時便踏上了創業之路。他從小在底特律長大，十二歲時創立了第一家公司，專門負責拍攝婚禮、生日派對與猶太教成年禮的紀錄影片。高中畢業時，他每個週末已能進帳數千美元。他利用青少年時期所剩不多的空閒時間學會寫程式，當時他朋友的父親開了一家企業用印表機軟體的專營公司，勞森同時也爲這家公司工作。勞森曾說，他年輕時之所以如此賣力工作，都要歸功於他已故的祖父帶來的巨大影響。大家都稱呼他的祖父爲「維克爺爺」，他經營自己的油漆業務長達四十年之久，即使在賣掉公司之後，他還是繼續工作，自己僱用司機載著他四處推銷油漆用品給零售商，持續工作到九十多歲。「他一直到過世那天都還在工作。」勞森說，「底特律每一家五金行的老闆都出席了葬禮。眞的很不可思議。」

勞森在密西根大學攻讀電影與電腦科學，與此同時，他還創辦了幾家公司，其中包括免費筆記（Notes for Free）公司。該公司僱用大學生將課堂上的筆記輸入到網頁系統中，再將這些筆記免費提供給其他學生，同時透過在網站上銷售廣告欄位來賺錢。爲了擴大事業規模，勞森從幾位投資人那裡募資，他在大四那一年輟學，全職經營這家公司。在員工達到五十人後，公司於一九九九年底，將全體員工從安娜堡

（Ann Arbor）遷至矽谷。勞森就像許多創業家一樣，在創建第一家公司時，幾乎沒有時間、也沒有意願去思考企業文化，不過，他確實注意到公司因爲毫無章法的文化，導致難以僱用到經驗豐富的專業人才。勞森回憶道：

我覺得他們當時環顧四周後，一定在想：「這裡到底是在搞什麼鬼？」我們有整整九個月的時間招聘不到任何資深的技術人員。當時的我經驗不足，沒有仔細思考過這件事，但現在回過頭去看，我意識到我們對於自己正在構築的企業文化沒有半點計畫，所以公司簡直就是一團混亂。專業人士能看出這家公司沒有清晰的方向，也沒有明確的文化。員工就像無頭蒼蠅一樣。當我們還是一家位於密西根州的科技公司時，這種文化還行得通，但當你進入矽谷之後，就不是那麼一回事了，這裡的人很清楚優良的企業文化是什麼樣子。一家沒有文化的公司便沒有吸引力。你不知道自己要加入的是什麼樣的團體。

勞森將免費筆記公司賣給一家股票即將上市的競爭對手，但由於這是一場股權交易，所以他們的股份很快就在網際網路泡沫化時化爲烏有。

> 「我在離開亞馬遜時已經清楚理解到，企業文化其實就像是作業系統。」
>
> ——傑夫・勞森，拓力公司共同創辦人暨執行長

勞森隨後又創立了兩家公司，而後，在二〇〇四年加入亞馬遜（Amazon）擔任技術產品經理，這份職位爲他提供了關於企業文化重要性的速成課程。雖然並不是每個人都贊同亞馬遜咄咄逼人的企業文化——這種文化在過去數年來遭受過大量批判——但毫無疑問地，亞馬遜的文化成功形塑了公司內部的領導原則，舉例來說，他們

每天都會在會議中提及「創造與簡化」、「行動至上」與「不同意但仍要執行」。「我們在每天的工作與行動中，都深知這些文化，也會使用它們。」勞森說，「企業文化不只是口號。它不僅是規範你可以做什麼與不可以做什麼的規則，也試圖解答——我們要如何變得更聰明？我們要如何用所有人都能理解的溝通方式來合力完成工作？我們要如何做出好的決策？我在離開亞馬遜時已經清楚理解到，企業文化其實就像是作業系統。」離開亞馬遜兩年後，年近三十的勞森和另外兩位共同創辦人伊凡・庫克（Evan Cooke）與約翰・沃特伊斯（John Wolthuis）在咖啡廳萌生出創業構想，一起在二〇〇八年一月創立了拓力公司。他們創業時正好遇上金融危機，增加了向投資人籌措資金的困難度。他們轉而向家人與朋友借錢，以打造最簡可行產品（minimum viable product，簡稱MVP）。勞森和妻子艾麗卡，甚至將艾麗卡在婚前單身派對收到的所有未開封禮物退回超越床浴（Bed Bath & Beyond）公司，多籌措了兩萬美元。

創造價值觀對公司而言就像是成年禮，如今，有許多不同的思想流派各自主張該在什麼時候、用什麼方法創造價值觀才是正確的。有些企業創辦人堅稱領導人要在公司創辦之初，就將價值觀寫下來，以奠定堅實的基礎；有些人則主張領導人應該要在公司成立一段時間之後，再配合公司已發展出來的文化來建立價值觀。有些人認爲價值觀必須崇高遠大且激勵人心，也有些人堅持價值觀需要詳列公司鼓勵與不鼓勵哪些特定行爲。還有些人堅持價值觀最多不能超過三或四個，員工才容易記住；有些人則指出價值觀的數量其實沒那麼重要。

勞森和共同創辦人決定要靜候幾年，等員工數達到六十人左右時，再開始確立價值觀。勞森說：

定義企業文化的過程雖然是有機的，但仍需要領導人好好策劃；其中有機的部分在於你不能強迫公司發展出你想要的企業文化。儘管你可以思考你現在是什麼樣的人、你希望成爲什麼樣的人，以及你眞正重視的價值是什麼，但這確實需要花一些時間。我會將建立公司比喻爲人的成長過程。當你還是個孩子時，你並不眞正知道自己是誰。你會在青少年階段試著釐清自己的身分認同，並經歷許多不同的階段，確認自己覺得什麼是對的、什麼是錯的。在經歷各種探索的流程並步入成年後，你將會開始了解自己是誰。建立公司也是一樣的道理。在剛創立公司時，我們會努力想要搞清楚公司的價值觀爲何，但我們不能太過嚴格地堅持這些價值觀，因爲在這段時期，我們還不清楚眞正的自己是什麼樣子，這時期我們尚有足夠的彈性，可以慢慢熟知我們的本質。等到員工數大約達三十至一百人的時候，就能開始認眞地決定企業文化的結構與宣導機制。在那之前，你還沒辦法知道你們的企業文化是什麼，你很可能會解讀錯誤；如果你太過堅持早期的價值觀，可能會走向錯誤的方向。但是，如果你等得太久的話，也有可能會陷入非常危險的處境。

勞森非常謹慎，總是使用「詳細描述」來形容「寫下價值觀」這個行爲。「價值觀不是你憑空創造出來的。」他說，「你可以詳細描述已經存在的事物，並賦予一個名稱來掌握它。如果沒有名稱，你就只能說：『我每天走進辦公室時都有一種感覺，但我不知道這種氛圍是什麼。』只要你爲這些重要事物找到正確名稱，就能在會議上與做決策時提起它們。但是，假如你沒有找到名稱，這些重要事物就只會是飄渺的感覺，很有可能會逐漸變得稀薄、甚至消失。對我來說，詳細描述價值觀，就是用最適當的文字描述你進公司工作時的感覺。」

勞森在爲拓力公司詳細描述價值觀時，首先找出十多位似乎對建立公司文化很有想法的員工，並列出名單。他邀請這些人共進晚餐，爲這個團隊設下了挑戰：「是時候詳細描述我們公司的價值觀了——我們的任務是釐清哪些事物造就拓力成爲拓力，並將這些事物文字化。」他們在腦力激盪後產出一份包含數百個構想的清單。接著，勞森獨自編輯這份清單，將這些代表不同構想的文字分門別類，淬鍊遣辭用句後，他再次召集先前的團隊，請他們協助編輯新版本的價值觀。他羅列出十多個價值觀給他們，進行最終篩選，讓團隊成員投票，表決出他們覺得哪些選項最精確、哪些選項消失也無所謂。勞森希望這個關鍵團隊能參與公司詳細描述企業文化的過程，並向同事推廣這些價值觀。他請關鍵團隊在公司的全體會議中宣布這些企業文化。「宣布企業文化時，我不會像摩西一樣拿著石板從山上走下來。」勞森說。儘管如此，他也認爲公司不該用全然民主的方式決定企業文化，並非所有人都能在此議題中擁有平等的一票。「我是執行長，也是共同創辦人，用對的方式描述企業文化是我的責任。」勞森說，「所以我在過程中有編輯權，也在我們選擇使用哪些文字上擁有最終決定權。我找來這些員工，仔細傾聽每個人的意見，但這件事最終還是由執行長決定。你不能把這件事委派給人資部門或進行全公司意見調查。這件事是你的責任。」

在拓力公司的早期企業價值觀清單中，有許多你可能會在其他企業文化中看到的用語，包括「謙遜」與「賦予他人力量」，除此之外，有兩個價值觀堪稱卓絕群倫。第一個是「畫出貓頭鷹」，這個價值觀來自網路上的一個搞笑迷因，這個迷因用兩張圖片解釋了你要如何畫出一隻貓頭鷹。第一張圖片畫出了三個部分重疊的圓圈，圖片說明是：「第一步，畫出幾個圓圈。」第二張圖片則是一張栩栩如生的完整貓頭鷹，圖片說明寫著：「第二步，把這個〔髒字〕貓頭鷹畫完。」這個迷因傳達了一個很明確的訊息：與其閱讀厚達數百頁的使用說明書，不如自己親身嘗試並找出解決方法。

這個迷因初次出現在網路上時，馬上就在拓力公司裡廣爲流傳，員工們一致認爲這就是新創公司的寫照。

「我們希望員工能自然而然地順口說出這些價值觀，所以它們應該要方便使用、容易記得又好理解。」

——傑夫．勞森，拓力公司共同創辦人暨執行長

另一個價值觀是「不胡說八道」。勞森說他喜歡這個價值觀的特性，簡單易懂、琅琅上口。「你很清楚哪些行爲是胡說八道，哪些行爲不是胡說八道。」他補充道，「你馬上就能判斷你自己或別人是不是在胡說八道。當你指出某個行爲是胡說八道時，其他人馬上就會理解你在說什麼。我們希望員工能自然而然地順口說出這些

價值觀，所以它們應該要方便使用、容易記得又好理解。因此，我們對自己提出的問題是，這些價值觀可以成爲主題標籤（hashtag）嗎？請想一想主題標籤的特性。它們容易記得又方便使用，可以輕而易舉地加入對話中，而且每個人都知道它們的意思。」

這是一個值得我們強調的重點。讓我們以亞馬遜和微軟這兩家最大也最成功的公司爲例，這兩家公司都只用一句話來定義企業文化，而且都具有主題標籤的特性。亞馬遜的創始人傑夫·貝佐斯（Jeff Bezos）一直以來都在推廣「第一天」的概念，希望藉此提醒員工每天工作時，都要懷抱猶如創建自己的公司一樣的心態，不要陷入「因爲我們一直以來都這樣做」的陷阱中；許多大公司都因爲這個陷阱而拖慢了創新的速度。微軟的薩蒂亞·納德拉則希望公司能直面挑戰，將企業文化從「無所不知」轉變成「無所不學」（learn it all），清楚傳達了他從《恆毅力》（*Grit: The Power of Passion and Perseverance*）的作者安琪拉·達克沃斯（Angela Duckworth）那裡學到的定型心態與成長心態。另一個例子是諾華公司，他們全心接納了《去老闆化》

（Unboss）作者暨丹麥創業家孔林德（Lars Kolind）的思考模式。孔林德的觀點很簡單易懂，他認爲最適合提出解決方案的是團隊，所以領導人的工作是支持團隊，而非告訴他們該怎麼做。「在過去，當我們選擇『賦予權力』時，不會有人提出相關問題。」諾華公司人資長史蒂文・巴特（Steven Baert）說，「所有人只會回答：『知道了。』但現在人們更有可能會問你：『你說「去老闆化」是指什麼？』」人們會提問，這件事本身就是一個很棒的禮物，因爲當人們在進行討論時，也會幫助組織創造出改變的平臺。

拓力公司的團隊在草擬出最初的價值觀清單（包含九項）後，編寫了第二份清單，列出八項領導原則。勞森很清楚同時列出兩份這麼長的清單會帶來何種風險，但他相信團隊會創造出適合的計分板與有用的工具。「問題永遠在於你要不要精簡這份清單。你寫下的字詞愈少，它們的影響力就愈大。」他說，「或者，你想要一份更長的清單，因爲如此一來，你就能在特定時間點、隨興地決定哪項價值觀最重要？」二○一八年，拓力收購了另一家公司桑德格力（SendGrid），拓力的員工數因而增加了三分之一。桑德格力原本的四大企業價值觀是求知若渴、快樂、誠實與謙虛。「我覺得這是個絕佳的時機，可以告訴大家：『讓我們花一點時間重新詳述價值觀吧。』」

勞森藉此機會推動全公司的人參與更新價值觀的活動，此外，他和資深主管們訪視了位於世界各地的二十間辦公室，和當地團隊進行討論。他們在數張記事卡上，寫下拓力公司的十七個價值觀與領導原則，再把這些記事卡貼在一塊大白板上，並發給每個人六張貼紙——三張紅貼紙與三張藍貼紙。他們請當地團隊成員找出自己覺得最有共鳴的價值觀，並貼上紅貼紙（拓力一直以來都使用紅色打造品牌形象），再將藍貼紙貼在他們認為最沒共鳴的價值觀上。一個清晰的模式很快便出現了。有些價值觀吸引了許多正面投票，另一些則得到許多「沒感覺」投票，還有一些價值觀沒有半張貼紙。勞森說：

最有趣的是那些獲得一半紅貼紙與一半藍貼紙的價值觀。有些人很愛這些價值觀，有些人則說我們應該擺脫這些價值觀，而這些才是我們會進行團隊討論的價值觀。由於人們進入公司的時間點不同，以及我們傳達價值觀的方法不同，因此許多人對同樣的價值觀會抱持不同的看法。有些人比較早加入公司，當時我會親自花一小時跟新進員工說明我們的價值觀爲何。後來，這項工作交到了別人手上，之後進公司的人對於價值觀因而有了不同的見解。我們以此爲基礎，透過活動詢問員工，我們要如何善用這些價值觀才能彰顯企業文化，以及我們要如何把這些價值觀化爲文字，才能更接近我們在討論這些價值觀時的描述？

拓力公司最後整理出一個包含三大類別、十項價值觀的新清單：

我們如何行事

成為負責人。負責人很清楚自己的工作爲何，也願意敞開心胸接納好消息與壞消息。負責人會要求細節，也會「把垃圾撿起來」。負責人必須看得更長遠，明智地花錢。

賦予他人力量。我們相信成功的關鍵是釋放人們的潛力——無論公司內或外的人都一樣。保持謙虛，並體認到重要的不只是我們。投資彼此。

不胡說八道。始終以誠實、直接和透明的方式行事。

我們如何做決定

為客戶設身處地著想。花一些時間深入理解客户，從他們的觀點解決問題。透過每一次的互動取得他們的信任。

寫下來。我們的工作很複雜，所以，請花一點時間用文字來表達你的意思——這對你有好處，對那些和你合作的夥伴也有好處。

不帶情緒地列出優先事項。列出優先事項能幫助你解構複雜的問題，在面對不確定性時能看得更清楚。決策是一個過程，所以，請在下決定前蒐集所有可用資訊，並在過程中持續學習。

我們如何成為贏家

勇於挑戰。我們以求知慾作爲驅動力，打造出具有意義且能帶來影響的公司。擁抱瘋狂的構想，別忘了，每一個大創意都是從小點子開始的。

包容異己。爲了達成目標，我們需要公司裡有多元的意見。打造具多樣性的團隊，以尋求獨特觀點。

畫出貓頭鷹。我們沒有操作指南可參考；我們要自己寫出一套操作指南。釐清操作指南中該有什麼內容，發布這份指南，並反覆改良。我們要創造未來，但不要即興發揮。

不要安於現狀。以自己的工作爲榮，絕對是最棒的一種感受，所以請期許自己與他人都能有最好的表現。爲每個職位僱用最合適的人選。

雖然制定一份價值觀清單的過程是一種藝術——理想上來說，這份清單應該要包含組織中所有人的意見，而且這些價值觀應該要能轉變成可預期的行動——但相較於這些文字，更重要的是領導人必須樹立楷模、持續加強這些價值觀，並藉由親身實踐，讓所有人都知道這些價值觀有多重要。是的，在本章中，我們將更加聚焦在行爲本身，而非公司擬定的任務與願景。那些任務與願景當然非常值得稱許，而且這些敘述就像是北極星，能指引員工了解公司在做什麼，以及爲何重要（就理想上而言，願景不該是令人難以信服的敘述，像是共同工作空間公司威渥客〔WeWork〕的敘述：「我們的任務是提升這個世界的智識。」）。但我們相信，在實際營運公司時，比願景更重要的是公司的價值觀，以及這些價值觀所推動的特定行爲，因爲這些觀念與行爲能幫助領導人回答看似簡單、實則困難的問題：「我們公司要達到什麼目標？我們要專注在哪些事物上，才能達成那個目標？我們要如何合作？」本書第一章曾描述過簡單計畫的架構，該架構的目的就是幫助我們更專注地回答前兩個問題，而描述價值觀的目的，則是幫助我們回答第三個問題。

一旦公司發展出適合的價值觀與可預期的行爲之後，就必須把它們融入日復一日的工作中。以拓力公司爲例，他們首先從招聘流程開始。勞森說，因爲公司的其中一個核心價值觀是「畫出貓頭鷹」，所以他在招募員工時，會挑選有創造事物的紀錄的人。「我想找的是抱持著創造者心態的人。」他說，「所以我會問他們：『告訴我，你發明了什麼。無論是在你的職業生涯或個人生活中的發明都可以。』如果他們沒辦法回答這個問題，那就表示他們不認爲自己是創造者。視自己爲創造者的人，都會以自己的發明爲榮。」僱用新員工後，勞森或主管團隊的某個成員會在新員工入職時，分享公司價值觀背後的故事——價值觀是如何產生的、價值觀背後的意義、將價值觀付諸行動時會是什麼樣子，以及這些價值觀爲何重要。

公司也能透過各種事件來強化價值觀，推舉出企業文化的英雄，運用季紅利或年終獎金來獎勵這些英雄的表現。舉例來說，拓力每年都會頒發「超棒貓頭鷹盃」給那些樹立了價值觀典範的員工。（超棒貓頭鷹盃是拓力公司內部的一個幽默哏：貓頭鷹是公司的吉祥物，超級盃則是許多顧客很重視的比賽，公司裡有人指出只要把超級盃〔Super Bowl〕中的英文字母「b」稍微挪動一下，就會變成超棒貓頭鷹盃〔Superb Owl〕。）公司會評估他們是否體現了公司的價值觀，據此決定他們的績效和升遷。

公司也會每年做兩次內部員工調查，詢問他們認爲公司是否實踐了企業文化所描述的價值觀。但最重要的試驗在於：每一階層的員工是否都能在日常對話中使用價值觀來協助決策？勞森舉例解釋，員工常會在團隊遇到困難時，說要透過畫出貓頭鷹來找出解決之道；或者，他們在做抉擇時，會選擇那些看起來比較不像在胡說八道的選項。「當你聽見員工一天到晚都在使用這些字眼時，就知道這些價值觀已經成眞了。」他說。

不過，這並不代表拓力公司的企業文化已經成形了。克莉絲蒂・雷克（Christy Lake）在二〇二〇年初加入拓力公司成爲人資長，在此之前，她曾在波克斯（Box）、美達利亞（Medallia）、惠普（HP）和家得寶（Home Depot）工作過。她說，她希望公司能以這些價值觀爲基礎來建立領導計畫。「最重要的是，這些價值觀能否在公司中好好活著。」她說，「它們有在呼吸嗎？它們有融入你的思想與DNA中嗎？你有沒有在日常活動、可被觀察到的行爲、溝通的方式與慶祝的方法中，實踐它們？這就是好的企業文化與糟糕的企業文化之間最大的差別。只要一看見公司宣稱的企業文化與員工的眞正行爲之間出現落差，人們立刻就會注意到這件事，然後你的系統將會失去作用，你馬上就要跟著完蛋了。」

「只要一看見公司宣稱的企業文化與員工的真正行為之間出現落差，人們立刻就會注意到這件事，然後你的系統將會失去作用。」

——克莉絲蒂・雷克，拓力公司人資長

拓力承認，公司裡的多元性尚未達到其要求。他們先前曾在網站上公布公司的多元性目標：二〇二三年，女性員工要達員工總數一半（二〇二〇年前期，女性員工比例爲百分之三十三），以及百分之三十的美國員工爲少數族群（二〇二〇年前期，少數族群比例爲百分之二十一）等目標。拓力也使用員工調查數據來建立「歸屬與多樣性指數」，依照性別與少數族群來劃分結果。他們的目標是讓全球各地的團隊都達到這兩項標準。目前，拓力已經建立了一支多元性高於大多數公司的領導團隊，其中包括非裔、亞裔與東印度裔的高階主管。在我們撰寫此文時，該公司的高階主管中，女性（六人）比白人男性（四人）還要多，這可不是個常見的情況。

雖然我們認爲多元性與包容性無疑是創造出強大企業文化的基礎，但爲了以防萬一，我們還是在此做個簡單提醒：若你想用更快的速度、更有創意的方法解決問題與發現機會，你必定需要和許多人共事，他們必須擁有不同觀點、來自不同背景、使用不同思考模式。如今的人口結構趨勢，創造出一個更加多元化的世界，因此，你聘用的領導人必須能夠應對公司現有的客戶與想要的客戶。隨著企業界對人才的爭奪愈來愈激烈，你得從最大的人才庫中尋找優秀的領導人。雖然有不少公司會耗費許多精力與財力招募多樣化的員工，但這些人往往會因爲企業文化默許某些行爲，導致他們感到不受歡迎，於是很快就離職。若你能實踐承諾，確實創造出重視多樣化與領導力的企業文化，就能更順利地招募與留住最好的人才，也能避免公司在不知不覺中變成言行不一的僞善組織。如今，社會對企業的要求愈來愈高，聲譽良好的企業會獲得表揚，惡名昭彰的公司則會受到懲罰。

雖然少有領導人會反對這些觀點，但事實上，仍有許多公司無法達到自己所宣稱的標準，只是不斷重複已使用多年的口號，宣稱自己支持多元性：「儘管在這個議題上，我們尚未達到目標，但我們仍致力於此，也正在取得進展。」即使從這些公司的年度多元性報告來看，總體範圍內的人員多樣性有所改善，但領導團隊的絕大多數成員可能仍是以白人與男性爲主；只有少數主管會在人資、行銷與客服等不需承擔損益責任的職位上，爲團隊增添一些多元性。

如今，推動改變的動能正不斷增強。自二〇二〇年五月，非裔男子喬治·佛洛伊德在美國明尼亞波利斯市被白人警察殺害之後，全美各地的民眾對種族主義與社會不公義開始投入高強度的長期關注，與此同時，許多公司承諾將會打造出多元性更高的員工團隊，並創造出包容性更高的企業文化。不少企業都表示自己簽下了高額支票，捐給致力於改善社會不公義的非營利組織；但是，只有少數公司承諾要增加資深領導人中的黑人比例。在企業眞正做出改變之前，無論他們做了多少承諾、簽了多少張支票，都只能帶來微乎其微的進步，這種進步正如黑人娛樂電視臺的共同創辦人羅伯特・詹森所稱的，只不過是「安慰劑式的專制主義」。

種族主義、多元性與包容性都是非常錯綜複雜且環環相扣的議題，我們不會爲你提供任何新的解答。但我們確實希望能爲你帶來啟發，讓你知道你能怎麼做、該怎麼做，才能在企業高層與中高階層裡，增加黑人及其他少數族群的比例。董事會與執行長必須把多元化與包容性設立爲公司的重要目標，而且這兩者的重要性務必要等同於財務獲利、新產品開發，以及在關鍵指標上加強競爭力。領導人的部分獎金，應該取決於他們是否爲公司的多元化與包容性帶來進展，且相關表現的衡量標準應基於實際達到的結果，而非單純的努力。他們的職責是在負有損益影響力的部門中，建立多元性更高的領導團隊，而不只是增加一般員工的多元性。

詹森爲了讓ＲＬＪ公司旗下的各個組織有系統地培養出黑人領導者，他參考了美國國家美式足球聯盟（National Football League）的「魯尼規則」（Rooney

Rule），這套規則是指，每支團隊在招募總教練與總經理時，都必須要面試少數族群。而詹森在他的公司中設立了一套相似的規定，每當公司要招募主管階級或更高階層的職位時，至少要面試兩名黑人求職者。「公司不一定要僱用這些黑人求職者。」詹森說，「我的規定是至少要面試他們。我這麼做是因爲，就算這些求職者不適合這個職位，你也可以把他們的資料留在人資系統中，說不定他們會適合下一個職缺。如果你確實招募了一位少數族群的求職者，你也會因爲這位求職者的人際網絡而打開一扇門，藉此接觸到更多的少數族群。一旦你獲得了更大的人才庫，自然會看到新入職者愈來愈多元化。你必須在公司的每個層級都這麼做，就算是招募董事會成員也一樣，如此一來，人們將會因爲實現這些目標能獲得報償而負起責任。」

※

我們可以在拓力公司的案例中，觀察到許多創造與培養高效能企業文化的相關重要觀點，例如企業文化能針對增加員工多元性做出明確又可評量的承諾。但是，大多數的領導人並沒有傑夫・勞森這種創辦人兼執行長從零開始的經驗。舉例來說，當一家營運多時的現有公司聘請你擔任執行長，若你發現原有的企業文化出了問題，公司內部的許多行爲都和企業價值觀背道而馳，而這些行爲非但被默許、甚至還受到獎賞時，你該怎麼做？無論何時，但凡組織中出現了新的領導人，該組織必定會預期新的領導人能帶來一定程度的改變，這時，領導人必須立刻善用這個優勢，開始運用勞森在拓力公司使用的各種工具。你必須和公司的資深團隊進行艱難的對話，向他們解釋每個人都需要實踐企業文化所描述的價值觀，不能有任何例外（若你在其中一兩位最資深主管違背價值觀時，直接解僱他們，全公司上下就會立刻收到你所傳達的強硬訊息）。領導人可以召集幾位態度積極的主管組成工作小組，定期重新檢視公司的價值觀，並考慮更新的可能性。這個小組可以建立更精巧的系統，以調查員工對於企業文化的意見，並針對部分回饋做出立即的行動，讓員工知道公司聽見了他們的聲音。

執行長以外的主管在發現企業文化的功能異常時，必須面對更艱難的挑戰，他們沒有能力要求所有層級的主管進行徹底改善。在這種情況下，這些主管可能會在面對企業文化時做出消極的反應，聲稱企業文化是上級主管制定的，已經超出其執掌範圍。他們甚至可能會切割責任，抱怨「這個地方」，責怪是「某些人」導致企業文化出了問題。在我們提供顧問服務時，許多資深主管對於自己能精明地看出企業文化出了哪些問題，感到非常自豪。但他們沒有意識到的是，身為主管，就有責任幫助企業建立更好的文化，而非只是一味地批評。無論他們承認與否，當他們在抱怨「某些人」時，其實他們自己也是「某些人」中的一員。

事實上，所有階層的主管都在形塑企業文化。主管在自己的團隊與控制圈中，可以清楚說明希望同事們如何行事，同時也要確保自己行事時遵循同樣標準。

從許多方面來說，最重要的其實是心態。包括主管在內的所有員工，都會影響到公司如何建構企業文化，他們必須決定自己要不要承擔責任──換句話說，他們想當的是駕駛，還是乘客？

「如果你是一名員工，就不該發文評論公司，就像你不會針對『身為美國人』寫下評論一樣。」

——馬庫斯．柳，蓋德懷爾公司共同創辦人暨董事長

蓋德懷爾公司的董事長馬庫斯．柳用十分聰明的比喻，描述駕駛與乘客之間的差異。他分享了他在備忘錄中寫給員工的一篇故事，靈感來自於他在玻璃門（Glassdoor）網站上讀到的一篇對蓋德懷爾公司的評論。玻璃門是一個匿名的評論網站，可以讓現任或前任員工針對公司提出感想。雖然蓋德懷爾公司獲得的評論整體得分很高，但柳常會因爲其中某些發文而惱怒——他並不是受不了批評，而是他認爲，員工不該把自己對企業文化的批判公開給全世界的人看。柳說：

如果你是消費者，你當然可以寫下評論。假如你住進一間飯店，經驗很好或很差，你可以上貓途鷹（Tripadvisor）網站寫評論。倘若你買了某樣產品，但不喜歡，你可以在亞馬遜網站寫評論。但如果你是員工，就不該發文評論公司，就像你不會針對「身爲美國人」寫下評論一樣。身爲這個國家的公民，你可以批評這個國家，但你不會因爲寫下了一則評論，就能免除自己身爲公民的責任。這種做法大錯特錯。你不該消費你的公民權。身爲公民，你該說的是：「我之所以想要屬於這個群體，是因爲我相信這個群體的原則。我希望這個群體能成功，所以我負有責任。」公民權會帶來許多責任，而其中一份責任就是讓你所處的群體繼續成長茁壯。

如果你認同柳的邏輯，那麼所有領導人都必須面對這項試煉：**你能否打造出一種企業文化，讓人們希望成為其中一員，並為之做出貢獻？**若想做到這一點，你必須下定決心達成以下幾個基礎原則：

- 執行長與資深領導人應該負責定義、形塑、執行與評估企業文化。他們必須不斷談論企業文化，並讚揚那些體現了價值觀的員工。公司必須依照領導人形塑企業文化的有效程度來評估其表現。
- 公司應該要用價值觀與可預期的行爲來清楚描述企業文化，也應該定期審查企業文化是否符合時代背景與當下所處的產業環境。
- 如果公司裡有屢教不改的「企業文化重犯」，不斷做出直接違背公司價值觀的行爲，那麼無論這些重犯的績效表現有多好，公司都要予以解僱，藉此向全體員工表達公司是多麼重視價值觀的實踐。
- 公司必須定期透過全體員工匿名調查來衡量員工對企業文化的認知，以確保日常工作確實符合企業文化的內容。描述企業文化的流言與個人主觀意見都缺乏證據，而且通常具有誤導性。董事會成員需要密切關注企業文化的健康程度，藉此掌握實際狀況。

高績效公司在建立企業文化時，上述原則都是屹立不搖的眞理。雖然每家公司的企業文化有所不同，但這些原則能幫助每家企業寫下爲自己量身訂做的企業指南。

| 第三項試煉 |

你能打造出一支真正的團隊嗎？

他們是執行策略的關鍵。

凱文（本書作者之一）在二十七歲時通過了一系列的海軍考試，被任命爲工程官，負責當時最先進的洛杉磯級攻擊型核子潛艇孟菲斯號（USS Memphis）的新建工程（與一九九〇年的賣座電影《獵殺紅色十月》〔*The Hunt for Red October*〕中出現的達拉斯號〔USS Dallas〕十分相似）。當他抵達維吉尼亞州紐波特紐斯市（Newport News）的造船廠時，這艘潛艇還只是船體，而他接下來兩年的時間，全用於執行這項耗資十億美元的計畫。凱文必須負責管理一百多名員工、與造船廠合作、測試潛艇的核子反應裝置，並訓練船員出海航行。凱文並非新手主管——他在前一艘潛艇的工程團隊中，負責指揮二十五人進行潛艇的操作和維護。但這項新工作中的每個層面，對他來說都是一項嶄新的挑戰，他因此有些卻步。他的頂頭上司每分每秒都在監督他，他從上任的第一天起，就必須面對上司令人難以承受的微觀管理。這樣的壓力致使他把相同的管理模式套用在自己的團隊上——他曾在大半夜叫醒一名士官，只爲了提醒他有關液壓設備密封系統的技術細節——他這種苛求的命令模式，使得團隊開始疏遠他，後來，潛艇的艦長建議他應該要找出新的領導方式。因此，凱文改變了管理方針，花了更多時間確認每個人都清楚理解自己的職責，也讓大家明白他會如何衡量進度，然後放手讓成員自己執行工作。兩年後，他們在時程內以原預算成功打造了這艘潛艇。「我發現，管理團隊的方法，是提供他們需要的支持。」他說，「我們對於何謂良好的成果有一致的共識。我們高度信任彼此。我可以把我的時間花在需要我關注的問題上，而不是把時間花在替別人工作上。」

在那之後的十四年間，凱文在美國電話電報公司（AT&T）、麥肯錫、奇異集團工作，而後，他成爲了世界通訊公司的執行副總裁。在世界通訊公司工作的三年裡，他體認到身處於功能失調的團隊中是什麼感覺。世界通訊公司的雄心壯志，是在通訊界中成爲打倒巨人哥利亞的大衛，亦即贏過美國電話電報公司。世界通訊公司是個隨心所欲的組織，瀰漫著狂野西部風格，這和凱文過去在海軍和奇異集團所經歷的紀律嚴明的領導形式大相逕庭。世界通訊公司的領導團隊認爲，分歧與內部競爭能激發所有人的效能、使其發揮到極致。員工在權術手段上消耗大把心力，而咄咄逼人的企業文化則默許不同團隊之間的公開衝突。在公司裡，羞辱他人是司空見慣的事，例如有一次，某位上級主管就當著凱文的面厲聲斥責他的下屬。「當時公司裡的狀況簡直就像是在反對團體合作。」凱文回想道，「那些行爲混合了各種可怕的毒藥。雖然有些人能在這種環境中成功，但那時的我陷入了前所未有、之後也沒再遇過的悲慘處境。我晚上無法入睡。我無法集中精力工作。我掉了很多頭髮。那三年是我人生中最糟糕的三年，同樣也是最重要的三年。那段期間，我親眼目睹、親身經歷了糟糕的企業文化是什麼樣子。」

隨後，他加入安進藥品擔任總裁，在接下來的七年間擔任執行長高登・賓德（Gordon Binder）的副手。雖然公司沒有向他保證最終他能成爲執行長，但提供了他董事會的席次，這讓他擁有其他內部競爭者所沒有的優勢，順利接任了賓德的職位。八年後，當他成爲執行長時，終於可以打造他想要的團隊。在接下來的十八個月裡，他從迪士尼、默克公司（Merck）、葛蘭素史克藥廠（GlaxoSmithKline）與奇異集團等企業招募了一批人才，組成一支新的直屬團隊。團隊成員就定位後，凱文帶所有人一起去吃晚餐，就在安進藥品總部附近、洛杉磯千橡市（Thousand Oaks）的一家餐廳，他們訂了一個包廂。晚餐時，大家談笑風生，高談闊論安進藥品的未來計畫，忽然，凱文話鋒一轉，在這場初次聚會上發表了簡短演說，這一席話讓每個人在往後的歲月裡都銘記在心。他並未事先計劃好要說什麼，但他在多年的職涯中，不斷周旋於公司內部的權謀之間，因此，他很清楚自己再也不打算容忍哪些事情。他對新團隊說：

好啦，各位體育迷，接下來讓我們談談本團隊運作的方式，以及哪些方法是行不通的。除了缺乏誠信這類我顯然不會接受的做事方法之外，還有另一件我很肯定絕對行不通的事，就是權謀手段。權謀手段代表你不會對其他人說實話。權謀手段代表你不忠誠；你會向其他人抱怨，但不會向我們抱怨。權謀手段代表你會推動你的團隊和其他團隊作對，或許你沒有直接下令，但你會默許這種狀況。權謀手段代表你不會實踐公司的價值觀。權謀手段代表你對工作目標沒有共識。權謀手段代表你想要利用我。

我曾跟一票權謀大師共事過。我對駕馭權謀也挺有一套，不然，你以爲我是怎麼拿到這份工作的？我一眼就能看穿這些雕蟲小技。當你四歲的小孩跑來找你，想要利用你的時候，你一眼就能看穿他的如意算盤，對吧？當你跑來找我、對我做這些事的時候，你對我來說就像是四歲的小孩。只要你們之中有任何人想要玩弄權謀手段，我馬上就會知道，接著，我就會開除你。

餐桌上一片沉寂，然而，這番話確實帶來了凱文預期的效果。他清楚表明了團隊不該做出哪些行爲，在接下來的十年裡，凱文領導的這支團隊基本上沒有什麼變動。

※

過去數年間，我們在梅立克公司和數十個資深團隊合作時，通常都會先徵詢團隊成員，希望從其他夥伴那裡獲得什麼。他們的回答幾乎都一樣：「我們希望能依靠彼此。」簡而言之就是互相信任——「我可以信任你，我們會彼此照應，我們會互相支持。」接著，我們會請他們分享在年輕時經歷過的團隊合作經驗，他們可能會描述踢足球或籌劃戲劇演出的時候，整個團隊都齊心協力、心無旁騖地實現一個重要目標。然後，他們會意識到，如果他們可以和現在的同事一起找回年輕時那種合作的魔法，那麼對於他們或組織而言，必定都會是一大進步。

然而，人們在工作合作上通常不會如此順利。儘管團隊成員都表示希望能像眞正的團隊一樣行事，並重新找回他們在工作之外非常享受的同儕情誼，但工作場合中的信任程度與協作程度，往往都不太高。雖然我們原本就預期工作過程中會出現某種程度上的功能失調，但這些失調很容易就會惡化，導致同事間彼此消耗。有些人會用「擱置否決」（pocket veto），也就是先同意一個計畫，之後卻不協助推行。有些人則是微型冒犯專家，會在會議異乎尋常的時刻冷笑一聲，或是透過「我**真的**覺得這是個好主意」這種反諷來貶低他人，並抬高自己的身價。有些人則會爲了達到自身目的，不斷在關鍵會議前後拉攏他人。這些妨礙合作的累犯，將嚴重影響團隊風氣，其他人也會不得不有樣學樣，否則就會因爲手段比不過他人而嚐到苦果。每個出了問題的團隊，遇到的困境都是獨有的。正如托爾斯泰（Leo Tolstoy）的名言：「幸福的家庭都是相似的，不幸的家庭各有各的不幸。」這句話也適用於領導團隊上。

若領導人想把功能失調的團隊變成功能正常的團隊，並通過建立高效能團隊的關鍵試煉，他們就必須全力解決四個看似簡單、實際上卻無比困難的問題：**團隊成立的目的是什麼？團隊成員應該有哪些人？團隊該怎麼合作？領導人在團隊中該扮演什麼角色？**在我們一一分析這四個問題的過程中，別忘記，我們從執行長及其領導團隊那裡學到的經驗，可以應用在所有層級的團隊上。

團隊成立的目的是什麼？

二〇一四年，薩蒂亞．納德拉接任微軟執行長時，將一部分精力投注在他的直屬員工身上，引導他們開始進行文化轉型，藉此推動了破紀錄的營收，促使公司的股票市值達到數兆美元。「如今，我最關注的是，要如何把領導團隊的效能最大化？我正透過哪些方法在培養這種效能？」納德拉上任後不久，如此告訴亞當，「這個團隊中有很多人是我以前的同事，我過去還曾是其中某些人的下屬。我把工作計畫的重點，放在如何讓團隊成員以眞誠的方式全心投入工作，更重要的是，要讓所有人都能以成員的身分感受到團隊合作所帶來的力量。我不會根據他們各自所說的話來評價他們。能夠進入這個團隊的人，必定有傑出之處。我只會將整個團隊視爲一個整體來評價。我們有沒有用眞誠的態度溝通？我們有沒有善用彼此的能力，爲組織帶來益處？」他也針對團隊的目的提出十分基礎的問題：「最後，我們做出結論，成立團隊的目的是爲了帶來明確性、共識與力量。我們想要完成什麼工作？我們有沒有爲了達成這些工作而取得共識？我們是否有爲了這些目標努力付出？這才是我們眞正該做的事。」

納德拉接著提出了領導人有時會遺漏的一些問題，並提供解答。若將領導團隊視爲一個整體來看，而非以成員個人觀點來看，成功應該是什麼樣子？這個問題的答案似乎顯而易見。領導團隊是組織結構圖中必定會出現的組成，他們必須確保不同部門與團隊都保有一致的目標。但是，當領導團隊聚在一起開會時，會議的重點往往都是圍繞著執行長、報告各個部門的最新近況，每個人都在偷滑手機，等著輪到自己發言。即便有人提出工作事項，通常也只會列出短期的戰術問題，不會有長期的戰略問題出現。

然而，當我們論及「我們一開始爲什麼會組成這個團隊？」這個問題時，答案永遠都應該只有這一個：因爲我們要**共同合作完成任務，並設立最適合團隊執行的優先事項**。哪些大型的改善策略是需要整個團隊或團隊之下的子團體通力合作才能完成的？公司內部的文化困境或許需要所有人一同關注，又或者，如今的產業動態需要公司用更快的步調進行數位轉型。這些問題全都源於「我們要如何完成這件事？」，而且，團隊中沒有人能單憑一己之力回答。高階主管除了要爲自己的團隊四處奔波並提供支持外，還必須把上述需要合作的計畫視爲己任。「我喜歡把領導人比喻成具有雙重國籍的公民。」非營利組織芝加哥社區信託基金會（Chicago Community Trust）的執行長海倫・蓋爾（Helene Gayle）說，「你必須在考慮自身利益的同時，也考量整間公司能否獲益。」

如果領導團隊在執行多團隊合作計畫時，希望在複雜項目上取得進展，那麼公司的每季優先事項就不能超過三至四個。如果你的優先事項超過這個數字，公司的能量將會過於分散。眾所周知，排定優先事項對團隊來說非常棘手，西門子政府技術（Siemens Government Technologies）公司的前執行長哈利．費爾斯坦（Harry Feuerstein）指出，有些團隊會迅速列出一份需優先處理的計畫清單，而這些計畫對優先事項的定義十分狹隘。「你可以觀察一般團隊的優先事項，多數事項都已經脫離了團隊的集體責任範圍，而且，這些事項通常也超出他們的能力範圍，所以團隊根本無法完成這些優先事項。」他曾要求一個團隊列出優先事項，結果卻拿到一份內含一百七十二項工作的清單。

無可否認地，許多野心勃勃的主管很難採用「少即是多」的思考模式，他們常會急著想要用更快的速度來完成更多工作。「你不可能每件事都親力親爲。」TIAA金融解方（TIAA Financial Solutions）的前執行長洛麗．狄克森．富歇（Lori Dickerson Fouché）說，「以前，我會在進入新職場時驚訝地瞪大雙眼，感覺跟走進糖果專賣店的小孩一樣。我心中會想著『讓我們繼續朝著目標努力吧！』而非『好吧，我們先暫停一下。如果我們要繼續朝著目標努力前進，最重要的事情是什麼？』對我來說，最重要的教訓就是我們必須學會說『不行』或『現在還不行』。」這個原則與我們在第一章討論過的簡單計畫有相關性，其中一項關鍵要素是，爲了達成組織的首要目標，你必須找出並實行三至四個策略性方法。

團隊成員應該有哪些人？

我們在輔導資深領導人時，會要求他們描述自己管理的團隊成員的表現。他們的回答通常會是：「他們很棒。人很好。很忠誠。很認眞。」接著，我們會指出，他們描述的都是籠統的特質，並沒有回答到問題中關於績效表現的部分——他們的目標是什麼？每位成員的表現如何？於是，他們會開始更深入地談論每位團隊成員的狀況，並和我們討論這些成員的優勢與缺點，然後，他們通常會沉默片刻，接著才勉強承認：「或許我的團隊沒有我本來以爲的那麼優秀。」

就某種程度上來說，領導人對團隊成員的忠誠心態是可以理解且值得讚賞的。領導人在僱用這些成員時，等於是把賭注押在他們身上（而且每位領導人通常都深信自己很有看人的眼光）。高強度的工作，通常會讓領導團隊中的成員花很多時間相處，甚至超過他們與家人相處的時間，因此，團隊內部會形成高強度的連結。他們一起經歷過高潮與低潮，所以能深入了解同事的性格。此外，解僱團隊中的成員，也可能會爲領導人帶來危機。其他團隊成員會作何反應？新僱用的繼任成員會不會在蜜月期結束後製造出新的挑戰？

領導人往往會因此開始陷入容忍績效不佳的滑坡。他們會想出一套說辭，解釋自己爲什麼無法在對成員有疑慮時採取行動，反而要像容忍煩人的親戚那樣，決定繼續運用手上現有的團隊成員。「我常看到的一個問題是，執行長把某些人留在職位上太久，或是沒有把正確的人安排在正確的職位上。」ＣＣＭＰ資本的董事長葛瑞格．

布藍諾門說，「人們總是非常不願意改變。在我見過的團隊中，眞正傑出的執行長與管理團隊，通常會比較心甘情願地逐步改變自己，也比較願意接受改變。你會發現，即使是在非常優秀的公司裡，眞正適得其所的員工也只占百分之七十五。而在狀況非常糟的公司裡，眞正適得其所的員工可能只有百分之二十五。」

「你會發現，即使是在非常優秀的公司裡，眞正適得其所的員工也只占百分之七十五。而在狀況非常糟的公司裡，眞正適得其所的員工可能只有百分之二十五。」

——葛瑞格．布藍諾門，CCMP資本董事長

誰該留任？誰該離職？有時候，這種決定很簡單。在面對團隊中眞正傑出的人才

時，你最大的擔憂通常是他們會在多久之後被挖角，所以，你應該要確保他們持續接受新挑戰和賞識。你不該容忍那些什麼事都反對的人，他們時時刻刻都能找出理由，指出某個想法很糟糕或行不通。還有，那些認爲老闆所說的每句話都棒透了的「點頭族」，也不該在團隊中久留。有些人的才智就是不足以勝任工作，有些人則會對團隊的互動關係帶來負面影響。另有一些慣用消極攻勢的人，會在會議上許下承諾，之後卻不按計畫行事。如果你不解僱團隊中的害群之馬，其他人對你這位領導人的尊敬度將會逐漸下降；當你終於解僱這些人之後，他們則會訝異你爲何拖這麼久才做出決定。

在決定人才去留時，最棘手的往往是那些處在臨界值上的人，他們符合許多團隊需要的特質，但身爲領導人的你卻有些疑慮。在決定是否要把這些人留在團隊裡時，你該依循哪些架構呢？其中一個方法是，用你的直覺回答下列這個問題：「如果你的團隊中，所有職位都突然出現空缺，你會重新僱用哪些成員？」或者，你可以考慮以下這些領導人使用的方法，測試你的團隊具有哪些人才優勢。

安泰人壽的前執行長羅恩．威廉斯會使用「前視雷達」（forward radar）能力來評估團隊成員，這指的是，成員是否了解自己需要什麼樣的進步，才能協助公司執行成長策略。「你團隊中的每個人都在以自己需要的速度成長嗎？每個人都在以百分之十五的程度逐漸進步嗎？有些人可能會覺得：『只要我繼續做現在在做的事，就不會有事。』」威廉斯說，「但現今這個世界正以非常急遽的速度變得更具挑戰性。你的商業規模將愈來愈大，科技將變得愈來愈複雜。你必須掌握這些改變，你永遠都不能停下腳步。你會發現有些人的能力不會隨著公司的複雜程度提高而進步，他們的『前視雷達』範圍只會變得愈來愈小。」

軟體公司好雲（BetterCloud）的執行長大衛．波利提斯（David Politis）會從三個跡象來判斷，哪些團隊成員還沒準備好面對下一個階段的成長：

其中一個最明顯的跡象是，我反覆在他們負責的業務中看出他們沒看見的事物。如果每次他們的分內工作出了問題時，發現的人都是我、而不是他們，那對我來說，絕對是個很嚴重的警訊。我遇過這種狀況好幾次。此外，我也遇過不少人因爲對自身能力沒自信，所以不願意聘僱可能會取代他們的團隊。你永遠都應該僱用能力比你優秀的人。但對於一些人來說，由於對自己缺乏信心，所以他們會擔心僱用能力更強的人，將使他們自己及其職位受到威脅。另一個跡象則是，當你在爲明年度做計畫時，有些人會要求把自己的團隊規模擴大一倍，而有些人則只要求多增加一位成員。他們無法預想接下來的成長階段與可能性。

迪士尼互動媒體集團（Disney Interactive Media Group）前財務長布魯斯·高登（Bruce Gordon）建議，領導人要在團隊中使用「黃金時代」測試：

有時候，做出與直屬員工相關的決定，是一件非常困難的事。鮮少有人會在工作時表現得極爲差勁，但許多人在工作時的表現其實也不合格。人們總是難以開口告訴員工：你是個很棒的人，工作能力也很不錯，但你在策略與營運上的水準沒有達到我的需求。這不是一個以「量」爲基準的決定，而是一個以「質」爲基準的決定。這對許多人來說，都是非常困難的一件事，我在擔任主管時，也同樣覺得很困難。我有時會用領導團隊的「黃金時代」這個基準點來判斷，我是否有僱用到最好的人才。我在迪士尼工作的三十年間，只遇過三次黃金時代，每次都持續了大約兩到三年。在那之後，有些人會獲得升職。在黃金時代裡，團隊中的每個人不但對策略、目標與價值觀都有共識，而且他們的能力也非常優秀。黃金時代最棒的一件事，就是那段期間非常愉快。當你處於黃金時代，成員之間能相得益彰。因此，你要做的試驗是：「這個人能不能讓我創造出黃金時代？」接著，你就可以開始討論更換或不更換團隊中某個成員，會帶來什麼風險。

> 「鮮少有人會在工作時表現得極為差勁，但許多人在工作時的表現其實也不合格。」
>
> ——布魯斯．高登，迪士尼互動媒體集團前財務長

負責設立績效標準的不只是領導人而已。團隊可以一起發展出一套標準來評估團隊中每位成員的績效，藉此定義什麼是優秀的工作表現。凱文成爲安進藥品的執行長後不久，就執行了類似的計畫。他從在海軍工作的那段時期汲取靈感，當時他讀了海曼．李高佛上將（Hyman G. Rickover）寫的《工程部門組織與規範手冊》（*Engineering Department Organization and Regulations Manual*）。李高佛是開發核子動力潛艇的先驅，他在那本簡短的小冊子中，規範了每位操作核子潛艇的海軍士官該有的行爲準則。凱文在安進藥品召集了領導團隊進行異地會議，花了四小時初步

討論屬於他們自己的指南。接著，他把草稿傳給公司中位階較高的前一百位主管閱讀，讓他們參與制定的流程，如此一來，他們才會覺得這份文件也屬於他們。

經過詳盡的編輯過程後，他們列出了安進藥品領導團隊中的每位高階主管都應該遵循的行爲準則：

開創新計畫

- 把商業策略轉變成挑戰、可執行的目標以及計畫
- 運用目標與任務激勵他人
- 保持前進的方向，謹慎地平衡宏觀與日常工作的問題
- 深入了解公司內外的工作環境，據此發展出精闢的策略

發展最好的團隊

- 招募與留下高績效員工，爲關鍵職位培育繼任者

- 打造具有高多元性與高自主性的團隊
- 持續提供具有建設性的誠實反饋

取得成果

- 始終如一地實現符合安進藥品價值觀的成果
- 建立高績效標準，使用可衡量的目標來追蹤進度，持續提高績效與期望的標準
- 清楚地溝通各個事件的預期狀況、當責對象與負責對象，藉此把組織的焦點放在具高影響力的活動上
- 定期執行基於現實狀況、以結果爲導向的行動檢討，並迅速修正措施

模範

- 實踐安進藥品的價值觀，並期許其他人也是如此
- 展現出自我覺知，追求自我進步
- 在工作上拿出你的專業表現
- 提倡改變與創新的機會
- 培養適當冒險的勇氣與判斷力

> 「你團隊中的每個人都在以自己需要的速度成長嗎？」
>
> ——羅恩．威廉斯，安泰人壽前董事長暨執行長

安進藥品至今仍然沿用這套標準，只稍做調整。他們會在每年十二月召集十五位

高層領導人開會，用這套標準來評估與討論高階領導人之下、一百位主管的表現。凱文也會用這套標準來評估他的直屬下屬。由於每個人都很清楚公司對他們的期望，所以這些對話的焦點不是凱文對他們的想法，而是公司要如何根據員工協助發展出來的這些標準，來評估他們的表現。凱文說：「你當然不可能直接說：『我要用直覺來評斷這個人。』你必須列出一個客觀的標準來評估員工，讓你的判斷有理可循。你必須清楚知道好的績效是什麼樣子。」

身為領導人，你的團隊成員表現得有多好，就代表你表現得有多好。你必須心如明鏡地知道好的表現是什麼樣子，且絕不妥協。沒有人會因為你在團隊中保留低於水準的成員而感謝你，而且這麼做將會減損你自己的成功機會。

團隊該怎麼合作？

矛盾的是，有些領導團隊的高階主管並不擅長團隊合作。畢竟，他們在一路升遷的過程中，已經習慣領導團隊了，以至於他們在成爲控制力較低的團隊成員時，會有些不適應。各級階層主管都傾向於將精力集中在向上管理（自己的老闆）或向下管理（自己的下屬），而非和同儕建立合作關係。領導團隊的薪酬制度也可能會導致「穀倉效應」，例如有些公司會基於領導人的個人損益來決定獎金，而非團隊的整體績效表現。零和思維就是從這裡開始的，有些人會覺得：「如果我幫助你提高你的績效，我的績效就會受到威脅。」但團隊領導人必須設法平衡這些力量。

「公司營運講求的是團隊合作。」

——迪內許・帕里瓦爾，哈曼國際工業前董事長暨執行長

在哈曼國際工業，迪內許・帕里瓦爾用薪資結構向員工闡明協作的重要性。在公

司的最高層裡，主管的獎金百分之百取決於哈曼國際工業的整體績效表現。他知道有些人很反對這種方法，在公司召集前一百五十位主管召開年度會議時，這個議題就被提出討論了。「你會在下班的聚會時間得知，有很多人認爲這個方法沒有用。」帕里瓦爾說，「一旦人們稍微放鬆，就會開始抱怨：『我忙得焦頭爛額，其他人卻能坐享其成。』」這時，他會提醒這些主管，長期來說，團隊難免會遇到起起落落，或許三年前他們也曾因爲同事的表現比他們還要好而獲益。「我的意思並不是公司要採用民主制度，也不是每個人都應該獲得同樣的報酬。」帕里瓦爾說，「我的意思是，公司裡沒有個人贏家，公司營運講求的是團隊合作。」

在你召集多位優秀主管共同合作，並告訴他們這是一個團隊後，你最不該期待的其中一件事，就是他們的團隊合作。不同職位之間，原本就會產生較緊繃的關係，導致分配決定權的過程十分擾人。你可能會遇到顯而易見、卻沒人想談的議題，這種時候，你應該要主動提起這個議題，並和團隊一起討論，以確保團隊能順利協作。

我們可以參考另一個案例：約翰·多納霍於二〇一七年接任雲端軟體公司瑟維諾

（ServiceNow）的執行長後，所採用的領導方法。在成爲執行長六個月後，多納霍召集主管舉行了一次異地會議，目的是強化團隊的優先事項，並推動瑟維諾公司進入下一個成長階段。會議中，每位主管都提出了自己的目標，因此，每個人都清楚了解到，有哪些優先事項需要跨團隊合作，也明確知道如果他們想要成功，該如何以團隊的心態緊密合作。這個團隊中的成員可以分成三類——第一類是已在公司任職多年的主管，第二類是在多納霍接任前不久進入公司的主管，第三類則是多納霍親自招募進來的主管。「重點並不是爲了這個團隊而進行團隊合作。」多納霍說，「眞正的重點在於，唯有我們整個團隊一起以有效能的方式合作，才能達成想要達到的目標。從許多方面來說，推動這個過程的不只是領導人，而是整個團隊。」

多納霍聘請了帕特・瓦鐸斯（Pat Wadors）擔任人才長（chief talent officer），瓦鐸斯向同事們提議，這個團隊應該要發展出屬於自己的「社會協議」，這是她在領英（LinkedIn）管理人資部門時的做法。在異地會議中，瑟維諾公司的主管分成了數個小組，使用翻頁書寫板、便條紙和麥克筆著手起草規章。過程中，他們要求多納霍離開房間，讓領導團隊能自行進行腦力激盪，這讓多納霍十分訝異。他同意了這個要求，並意識到有時候他必須放手，讓團隊進行內部對話。他回到房間後，團隊和他分享了他們草擬出來的條列重點：

- 最重要的是，我們是一個團隊。
- 我們要建立信任、相互支援。
- 我們要橫向合作。
- 我們不會忍受分歧。我們要為自己與我們的團隊做出明確的決定，並以身作則。
- 我們要在辯論時認為自己是對的，在傾聽時感覺自己是錯的，然後一起決策、承擔責任與領導。
- 我們要讓彼此變得更好。
- 我們要保持溝通順暢，慶祝彼此的成功。

• 我們要保持團隊健全，相互支持，力求生活的平衡。我們會以身作則，示範一加一加一能創造出魔法。

上述條列項目中，有一些旨在設立基調，還有一些則是爲了促成特定行爲。「我們要橫向合作」是在提醒團隊成員，在「往上」向多納霍尋求幫助之前，他們應該先試著與同儕一起解決問題。領導團隊把這些項目放在聖塔克拉拉市琵維諾公司總部的辦公室外牆上，讓所有人都能看見，藉此展現他們實踐這份社會協議的決心。多納霍後來成爲了耐吉的執行長，他說：「到頭來，領導團隊必須要發自內心地認爲，組成一支高績效團隊來執行工作，對他們而言最有利。他們必須認知到，不這麼做的話，就贏不了。組成高績效團隊的關鍵，在於他們必須高度信任彼此，一致同意共同的工作原則或社會協議，並承諾會遵守與維護規範。」

「你在工作時其實只會遇到兩種日子——一種是團隊變得更好的日子，一種是團隊變得更差的日子。」

——托比．盧克，Shopify創辦人暨執行長

我們需要花費許多時間與經歷，才能打造出人們彼此幫助的團隊動態。在截止期限與忙碌行程所帶來的高度壓力下，很多人可能會覺得時間寶貴，沒有餘裕浪費在認識彼此與討論「如何」一起工作。雖然繩索課程和「信任倒」這類的活動可能會有幫助，但瑟維諾公司的社會協議活動能產生更大的影響，因爲它能創造出明確的行爲規範，因此，當公司成員看到有人沒有實踐他們做出的承諾時，才得以有憑有據地指出對方的問題。

儘管團隊表現的好壞並不容易量化，但電子商務平臺Shopify的執行長托比．盧

克（Tobi Lütke），從個人貢獻者（individual contributor）轉變爲必須擔負團隊成敗的領導人之後，實行了一套十分有趣的衡量方式：

對我來說，最困難的是改寫我的價值觀系統，以符合我的新職位。我很喜歡擔任電腦程式設計師。我花了很多年才意識到，原來，耗費一整天和投資人見面以及在研討會上演講，並不是在浪費時間。理智上來說，我早就知道這一點，但在情緒上，我始終覺得這是一種浪費。我必須系統性地重建出一套方法，來衡量我對公司有多少貢獻。重建完成後，我開始意識到眞正重要的其實是團隊，而我的每一個工作天其實都應該用來釐清，我要怎麼做才能讓這個團隊更好一點。因爲你在工作時其實只會遇到兩種日子——一種是團隊變得更好的日子，一種是團隊變得更差的日子。假如你的所有時間都是用來幫助團隊變得更好，只要持續得夠久，你將會變得無懈可擊。

領導人在團隊中該扮演什麼角色？

雖然你可能會對這件事感到驚訝，但許多領導人其實並不在乎是否要建立健全的團隊動態。有些人更喜歡輻射式系統（hub-and-spoke system），藉以綜觀事件全貌，他們偏好的是成員個別彙報，而非團隊報告。有些人在團隊相處不順時會選擇壁上觀，然後沮喪地撓頭。有些人則認爲員工會在沒有安全感又焦慮的時候拿出最好的表現，因此，這些領導人會以「創意張力」爲名，挑起團隊不和，以至於團隊成員花在提防彼此的時間，多過於彼此支援的時間。

但別誤會了，領導人確實必須負責確保團隊能成功運作。沒錯，領導人的工作內容似乎多到無窮無盡，但其中一項重責大任是確保團隊合作融洽，並指導每個人持續進步與培養繼任者。我們在和上百位領導人談話的過程中，一再出現以下幾個關鍵職責：

心理安全感

團隊領導人要創造出能帶來心理安全感的環境，如此一來，團隊成員才能坦白直率地溝通。「我曾在一些流行『爲難笨蛋』（stump a chump）文化的公司中工作過，很多人應該都有過這種經驗。」凱希・薩維特（Kathy Savitt）說，她曾在雅虎（Yahoo）與亞馬遜等公司擔任領導職。「這種文化指的是，當執行長或領導人提出一個問題，而某個人提出見解時，其他那些沒勇氣回答問題的人，會集體批評回答者的見解。或者，當你提出某個充滿創意的提案後，公司裡其他人才開始紛紛提出意見，表示他們會如何就提案內容加以改變，但事實上，他們根本沒有付出任何專業技能或個人熱忱，來創造出任何有價值的事物。我曾在這種管理團隊中待過，這種文化對企業危害極大。」

清楚的議程

團隊領導人必須爲會議制定明確的議程。「重點不是成爲決策者，而是要釐清能做出正確決策的步驟。』」蓋德懷爾公司的董事長馬庫斯．柳說，「執行長的專屬超能力是告訴團隊：『我要花半小時討論這個主題，我要找這些人一同參與，我希望我們最後能決定未來的方向，而且在做出決定之前，我們不會結束討論。』」

明確地討論規則

團隊領導人必須明訂討論與決策的規則。「我們該做的其中一件事，是針對決策訂立非常明確的規則，因爲在『傾聽他人的意見』與『每件事都要民主決定』之間，本來就有一股張力。」軟體公司歐特克（Autodesk）的前執行長卡爾．巴斯（Carl Bass）說，「我們在每一場會議的一開始就會說清楚，這次的決策最終是要由一個人定奪，或是要透過討論以達到集體共識。這是非常重要的一件事，如果沒有事先說清楚，與會者可能會因爲不理解最終的決定方式，而在給出意見後感到相當挫折。領導人的主要角色之一，是在會議過程中盡可能聽取多方意見。另一方面，你必須清楚理解，當你向其他人徵詢資訊時，並不是要把決策權交給他們。」

兼容並蓄的對話

團隊領導人必須把所有人都帶進對話之中，並且在談到至關重要的事時，確保每個人都有發言的機會。「在進行重要會議時，我會做的其中一件事是繞著會議桌來回走動，」凱文說，「我會逐一詢問：『你認爲呢？你怎麼看？那你呢？』我不會以相同的動線繞著會議桌走，也不會總是從同一個人開始依序提問。這麼做能讓他們理解，我是眞的想要知道他們的想法。假如我們顯然無法對某個重要議題達成共識，就會花更多時間討論。」

指導

團隊領導人必須負責指導團隊中的每位成員。每年十二月，凱文都會在假期期間寫一封長達兩頁的信給每位直屬下屬，內容包括三大重點——該名主管過去一年哪些事做得很好，凱文有多感謝他們的付出以及感謝的原因；他希望明年能仰賴他們完成哪些項目；爲了成爲更好的領導者，該主管應該要專注在哪三件事情上。等到員工放完假，在一月回到工作崗位後，他會親自和他們會面討論這封信，並在年中再次討論他們的進度。「在四十五分鐘的會議之後，我希望他們能充滿信心，並清楚理解我對他們的績效有何看法，以及我對他們抱持著何種期望。」他補充道，「後來，我的直屬下屬都認爲在討論個人的未來發展時，那些信件是最重要的一種溝通方式。」

人才偵察

團隊領導人必須擔任團隊中的人才偵察員。團隊不會是靜態的，也不該是靜態的。團隊成員總是來來去去，有時，你找來的繼任者，必須是能夠幫助公司成功通過下一個成長階段的人。這意味著你必須到組織之外尋找人才；領導人不能只依賴其他人（例如獵人頭公司）來找到最佳候選人。凱文經常會詢問安進藥品之外的業界熟人，是否認識某些特定職位、才華洋溢的主管人選。那些主管在當下或許沒有離職的打算，但如果他們被排除在重要晉升之外，或是他們的公司被併購了，他們可能會突然願意考慮其他公司的邀約。凱文在組建領導團隊時，就是趁著這兩個時機點，招募到現在的研發部主管和業務行銷部主管。「你不能在需要時才告訴自己，我現在要開始尋找人才了。」凱文說，「你必須時時刻刻都在尋找人才。」

培養繼任者

團隊領導人必須培植繼任者。對許多領導人來說，這並非一種自然而然就能做到的事，出於各種理由，他們寧願不去思考誰會在他們離開後接任職位。但人才偵察與教練是領導人的職責之一，領導人必須找出與培養繼任者。舉例來說，凱文很早就開始尋找有朝一日能接替他的人選。在他擔任執行長的十二年裡，他在第五年遇見了鮑伯．布萊德威（Bob Bradway），當時布萊德威在摩根士丹利（Morgan Stanley）負責歐洲的投資銀行業務。他擁有適任領導人所需的一切條件，也樂於接受新挑戰，於是，凱文說服了布萊德威接受比現職低的薪資，將他延攬進安進藥品，成爲副總裁級別的一百多位高階主管中的一員。布萊德威在成功完成了每一份新工作後，被拔擢爲總裁，凱文花了兩年的時間指導他，並於二〇一二年將執行長的棒子交接給他。布萊德威接任後，安進藥品的股價從每股約七十美金，上漲到超過兩百美金；二〇二〇年，安進藥品的股票被納入道瓊工業指數，這是對該公司的長期成功表現與成長的認可。「你在離開公司後留下的影響，最終會由兩個簡單的試驗來決定。」凱文說，「在你離開後，公司是否比你接任時更好？你的繼任者表現如何？」

「成功的三大關鍵要素是你打造的團隊、你打造的團隊和你打造的團隊。」

——雪莉．阿尚布，麥契史奇姆公司前執行長

光是建立、管理與發展團隊所需要的精力，就已經像是一份全職工作了，但只要領導人能藉由下列幾個基本問題，來確保團隊正以最佳狀態執行工作，他們爲此投資

的時間，就會帶來豐碩的回報：**我們的目標是什麼？團隊成員是不是最優秀的人才？我們全都清楚了解要如何協作嗎？我有沒有以領導人的身分負起責任，好好管理團隊，並一對一指導每個人，讓他們變得更優秀？**許多領導人都無法跨過這道門檻，這類領導人無法組建出強大的團隊來執行策略，導致他們往往無法在職位上久留。雖然許多領導人在理智上很清楚團隊的重要性，但卻沒辦法每分每秒都依照這樣的認知來行動，因爲他們放任團隊成員各行其是；因爲他們在招募人才上遇到問題；因爲他們無法領導成員順利合作；因爲他們沒有勇氣指導成員、促使成員進步；因爲他們在應該做出艱難決定，並開除某些表現不佳的成員時退縮了。

如果你的團隊成員並非優秀人才，你很可能根本沒時間做自己的工作，反而全把時間花在替他們工作。在訪談數百位領導人的過程中，我們一而再、再而三地注意到這件事有多重要：沒有任何事物能替代優秀的團隊。

「成功的三大關鍵要素是你打造的團隊、你打造的團隊和你打造的團隊。」雪莉・阿尚布（Shellye Archambeau）如是說。她是麥契史奇姆（MetricStream）公司的前執行長，該公司專營企業治理、風險管理及合規審查軟體。「而且我所謂的打造，是主動打造。因為在公司不斷成長、發展與演化的過程中，團隊也同樣需要成長、發展與演化。由於你一直和團隊成員緊密合作，所以這可能不容易，但你必須帶領團隊前進。請想一想三年後，你會需要什麼樣的團隊。」

| 第四項試煉 |

你能領導轉型嗎？

在進行改變時，現況是力量無比強大的敵人。

有鑑於如今每位領導人的工作內容必定包含「轉型」，此外，在公司中最危險的行徑，莫過於得過且過、安於現職，也許是時候該廢除「領導改變」這個多餘的用語了。領導就是**改變**，你必須改善公司現下的運作方式，同時搶先別人一步解構你自己。

你可能會覺得，光是要熟練地通過前三章提到的挑戰，就已經非常困難了——建立一個具體明確的簡單計畫、打造高績效團隊，並創造出全體齊心協力完成公司策略的企業文化。對許多領導人來說，要持續重塑和改造公司的每個面向，是非常艱鉅的挑戰，其中最主要的一個原因在於，員工傾向一成不變、勝過不確定性，尤其是顛覆所帶來的不確定性（提出一大堆假設性問題的執行長，總是能以最快的速度讓整間公司的人心煩意亂）。有些領導人很清楚，改變現況需要克服多麼強大的慣性，於是他們決定將這個燙手山芋交給下一個人；他們告訴自己，等到繼任者接手後，再由那個人來面對這些阻力就好。有些領導人則會僱用數位長來處理轉型，卻沒有意識到，數位長可能會被想要保護個人權益的同事們驅逐至場外，什麼事也做不了。

推動轉型的關鍵是什麼？我們在這裡提出的方法，並不是僵硬的八步驟流程。你可以在其他地方找到許多現成的相關流程，但這些流程的實用性會因爲一個很簡單的問題受到限制：每家公司所面對的挑戰都是獨有的，任何教戰手冊都不可能提供完全適用的解決方案。因此，本章的重點是透過領導人的視角來討論轉型，並從個案研究中汲取經驗，這對任何正在努力推動改變的主管來說，都是可以實際應用的知識。

我們分享的案例，包括不同規模與不同產業的公司：紐約時報公司、安進藥品與好雲公司。不過，最重要的是，這三家公司分別代表了三種不同程度的轉型急迫性。舉例來說，安進藥品在凱文的領導下，剛剛經歷了長期的快速成長，需要爲下一階段的成長進行全面檢查與流程簡化。紐約時報公司面對的挑戰則更急迫，他們的印刷品廣告收入大幅下降，必須盡快轉變成數位商業模式，以維持營運與地位。好雲公司則是由於雲端運算的快速變革，面臨了生死存亡的威脅，必須破釜沉舟，從零開始打造全新的平臺。

這三家公司的案例能帶來許多啟示，幫助我們理解每一位領導人在著手企業轉型時，都應該銘記在心的關鍵方法。這些方法包括：

- 爲了改變的必要性，尋找盟友一起建立無懈可擊的論述，讓每個人都能理解爲什麼公司不能繼續保持現狀。
- 闡明哪些事情是不會改變的（尤其是任務和目標），讓員工更願意爲了完成工作而接納新方法。
- 鼓勵你的團隊與組織的全體成員一起發展轉型計畫，如此一來，他們才會覺得這份轉型計畫也屬於他們（由上而下的做法是行不通的）。
- 無論位於轉型的哪個階段，都要堅持不懈地保持溝通的透明度與管道的暢通。
- 確保執行長與高層領導團隊都做出承諾，按照明確的責任歸屬來執行計畫，並用計分板來衡量進度與成功。
- 承認不確定性，同時也要強調公司需要改變的必要性，以及組織在調整時能夠迅速適應的信心。

在我們分享這三個案例的過程中，你必定會發現其他適用於自家組織的觀點。請容我們再次重申，雖然每間公司的挑戰都是獨有的，但也有些方法是每位努力改革的領導人都能應用的。

紐約時報公司：成功的數位轉型

當獵人頭公司初次聯絡馬克・湯普森（Mark Thompson），問他願不願意接下紐約時報公司的執行長時，他直接回絕了。當時，湯普森是英國國家廣播公司（BBC）的資深主管，他的朋友們也建議他最好避開這份工作，一部分的原因在於，人們都認為紐時公司的傳統已經食古不化到幾乎無法改變了。不過，最後他還是決定要冒險接下這份工作，其中一個理由在於，他確信掌控紐時公司的奧克斯－蘇茲伯格家族（Ochs-Sulzberger）與紐時的董事會都下定決心，要做出重大變革。「我最後得出的結論是，如果這個組織眞的能成功轉型，未來的表現會比現在好上三到四倍。」

他如此說道。

過去數十年來，印刷品廣告一直都是紐時公司的經濟命脈，但如今，這筆收入卻不斷大幅下降。湯普森加入公司時，面臨的最大問題就是要如何在這種處境下存活下來。儘管紐時的數位營運狀況一直在進步，但新聞編輯部依然把主要焦點放在實體報紙上。爲了保護記者的獨立性，紐時的新聞編輯部與商業部之間存在著非常傳統的隔閡，新聞部的許多成員不願意參與討論該如何協助商業部的同事克服財務挑戰。

湯普森在接任執行長一職時，他的領導原則是從不假定自己已經有答案，也不假定自己會是那個找到答案的人。「如果你試圖在上任的第一天，立刻執行一大堆構想或實行一種新文化，你就不會成爲一位成功的執行長。」他說，「事情不是這樣運作的。你必須讓員工覺得這些構想與文化也屬於他們。你要做的不是把新想法強塞給這個組織，而是設法從組織中誘發出這個新想法。換句話說，你必須一步一腳印地鼓勵員工與你深談公司的未來。」

湯普森知道，由於新聞部與商業部之間長久以來的隔閡，無論他提倡任何計畫，新聞部的記者都會抱持懷疑的心態。因此，他反轉了公司內部的局面，鼓勵新聞部組成委員會，一起研究新聞部要怎麼做，才能更具創新性。該委員會的領導者是阿瑟·格雷格·蘇茲伯格（A. G. Sulzberger），他當時是新聞部的編輯，如今是紐時的發行人（本書的作者之一亞當，曾被蘇茲伯格招募爲該創新委員會的一員）。該委員會花了九個月以上的時間，撰寫了長達九十七頁的檔案，原本只打算提供給紐時的少數資深主管閱讀，但這份報告卻被洩漏給BuzzFeed，而BuzzFeed則在二〇一四年五月十五日，將這份報告公開給全世界的讀者。報告中直言不諱地指出紐時公司內部的挑戰，舉例來說，「我們必須仔細審視我們的傳統，推動我們自己前進。」這句話對於紐時這種自詡爲新聞界黃金標準的公司來說，簡直就像是當頭棒喝。

起初，公司內部對於報告公開一事感到十分憂心，但這個事件卻使得全公司上下一致理解到他們現今面對的挑戰，而這正是轉型的第一個必要步驟。「第一天的狀況很慘烈。」蘇茲伯格回憶道，「當時網路上的頭條新聞全都是這篇言詞嚴厲的毀滅性報告，紐時公司陷入一片慌亂的局面。我完全不知道同事們會如何看待這件事。我知道公司裡有許多人非常珍視紐時的傳統，所以對於談論我們應該如何改變這件事，我始終抱持著漸進主義者的謹慎心態。但一兩天後，我明顯發現，員工的談話主題改變了——雖然人們都覺得這份報告有些嚇人，但這份報告同時也產生了非常強大的力量，這是他們有史以來第一次眞正理解到，自己的生活與工作習慣都在發生改變。」

對於任何試圖發布自家狀態報告的公司來說，在這個案例中最需要學習的關鍵教訓就是：報告裡只能包含不容置疑的事實。蘇茲伯格說：

> 我希望最終的創新報告中完整包含所有無庸置疑的眞相。當你有足夠的篇幅和合適的平臺、能清楚表達你對未來的看法時，你很容易會提出一大堆你自己最偏好的構想。有人可能會說「我覺得我們可以改變敘事方式」或「我們應該要尋找擁有這些特定特質的領導人」，但是，若要針對改變的必要性來達成共識，使用這種模式是有問題的，因爲有些據理力爭的人可能不同意你的想法。一旦那些人不同意你的構想，他們就會覺得你的建言純屬個人意見。而我眞正希望的是，公司成員可以站在同樣的高

度進行討論，我希望每個人都會認同我們所採納的建議。我們的論述是有數據支持的，即使是沒有數據佐證的論述，也至少要是人們無法反駁的事實。

報告被公開之後，蘇茲伯格在公司內部展開了說明會，親自和每個小組（一組約三十人）花九十分鐘的時間會談；他總共和一千兩百多位記者開了會。他透過這些對話學習到，對記者傳達所有新要求時、背後的「原因」有多重要，包括爲什麼要建立社群媒體帳號、爲什麼要更快發布新聞、爲什麼要加強文章視覺化等。蘇茲伯格說：

我們從來沒有眞正花時間清楚說明框架。因此，那些眞正知道該如何應對挑戰與改變之必要性的主管團隊，會出現非常嚴重的意見分歧，接著，公司裡絕大多數表現極佳並眞正把公司變得與眾不同的員工，會直接收到命令，要求他們改變，卻沒有人向他們解釋公司不得不改變的狀況。在新聞業中，我們常會說：「不要只是平鋪直敘地描述狀況，你要讓別人看見畫面。」但我們從來沒有讓員工看見問題在哪裡。這些同事從來沒有機會和我們一起面對問題和挑戰。我們只是平鋪直敘地告訴他們，我們需要改變。另一個非常重要、也讓我們十分意外的事情是，新聞編輯部其實非常想要和我們討論這份報告。許多人都說，他們已經太久沒有和我們一起針對公司、公司的策略與策略的執行方式進行徹底而坦誠的對話。這提醒了我們，雖然溝通往往是待辦清單上最後一個項目，但始終是最重要的一項。

許多人都對於紐時能否保持初衷感到恐懼與憂慮，爲了減輕這種擔憂，蘇茲伯格引用了他從總編輯迪恩．巴奎（Dean Baquet）那裡聽來的一句話：任何一個組織在改變時，都必須把使命與傳統區分開來。「我們不該修改公司的使命。」蘇茲伯格解釋道，「修改使命會帶來很大的風險，而傳統則需要我們不斷提出質疑。當然，傳統並不一定不好。有些傳統在歷經審視後，仍屹立不搖。有些公司在改革時，會單純爲了摧毀傳統而摧毀傳統，這是錯誤的做法；但我們也不該純粹爲了傳統而保留傳統。」

「修改使命會帶來很大的風險，而傳統則需要我們不斷提出質疑。」

——阿瑟．格雷格．蘇茲伯格，紐約時報公司發行人

爲了有效促使公司進行高效能改革，領導人必須非常清楚公司存在的意義。蘇茲伯格說：

如果你可以輕而易舉地達到任何目的，如果你可以隨意改變公司裡的任何事物，那麼這家公司就沒有存在的意義。倘若公司沒有存在的意義，就會有更年輕、更渴望成功的新創公司取代你們的地位。一旦你能夠詳細描述公司存在的意義以及哪些事物不需改變，你就必須在全公司上下展開非常積極的溝通。假如你的答案有足夠的說服力，公司成員就會更願意和你一起做出改變。對我們來說，身爲新聞人的精神是不會

改變的，但除此之外，只要能夠進一步推動公司使命，我們便願意改變任何事物。在和新聞編輯部溝通的過程中，我最重要的工作是讓每個人理解，我們都在爲了同樣的目標努力，如此一來，所有人都會願意和我一起踏上這段旅程。

每個領導人在闡述轉型的必要性時，都會遭到員工的質疑。新的計畫會成功嗎？領導人必須承認這些不確定性的存在，並正面回應。蘇茲伯格說：

你在組織中領導改變時，必定會嘗試許多做法，有些做法會成功，有些則不會。當其中某些做法無法成功時，你必須停下來，這個時候，人們會開始告訴你：「看吧，你們根本就不知道自己在做什麼。你們只是在浪費我們的時間罷了。你們在一年前還說這些東西會帶來巨大的成功，如今一切都令人失望透頂。」我在遇到這種狀況時，其中一個應對方法是告訴他們：「我們沒有教戰手冊可以參考。我們並不是在按圖索驥，而是在開拓全新的路線。所以，我們在嘗試各種做法時，必定會嘗試到一些成功的做法，也必定會嘗試到一些不成功的做法，你可能會覺得這是在浪費時間。一年之後，你或許會繼續抱怨，問我：『你們怎麼會覺得這是個好主意啊？』但這就是我們嘗試它的原因，我們希望它有效；如果它確實有效，就能幫助我們達成我們所期望的。如果這個方法沒有效，我會把原因解釋清楚。」

創新報告爲紐時公司創造出改變的動力，但整體而言，公司依然需要一個統一的策略，才能領導所有員工共同成功轉型。在舊的商業模式中，絕大多數的收入都來自廣告，而如今有愈來愈多廣告商將資金轉移到臉書與谷歌上，舊模式正面臨威脅。訂閱實體報紙也是紐時過往的可靠收入來源之一，但現在有愈來愈多讀者透過手機與電腦閱讀新聞，紐時必須爲了數位化的未來建立全新的商業模式。

二〇一五年，執行長馬克．湯普森開始與商業部及新聞部的高階主管進行定期會議，後來公司稱此會議爲「星期五小組」。他們連續花了六個月的時間，在每週五中午舉行會議，一直到下午六點左右結束。湯普森知道，這個小組必須熬過許多艱難的討論，才能在最後對一些新觀點達成共識。「在我們這些高階主管開誠布公地進行高效率的誠實對話之前，公司是不可能達成任何目標的。」湯普森回憶道，「而我很樂意等待。你必須保持耐心。我曾見過一些人在進入媒體公司後，試圖用極快的速度帶來劇烈的改變；公司往往會對這些人抱持抗拒與排斥的態度。星期五小組中有許多成員，起初都心存質疑，他們只想回去忙自己的日常工作。我們一開始先討論公司的挑戰，到了夏天，會議變得更困難且讓人憂心忡忡。」

「我曾見過一些人在進入媒體公司後，試圖用極快的速度帶來劇烈的改變。公司往往會對這些人抱持抗拒與排斥的態度。」

——馬克・湯普森，紐約時報公司前總裁暨執行長他們在這些會議中慢慢拼湊出一個構想，可以讓公司的兩個部門對同一個目標產生共識，該構想可簡稱爲「訂閱優先」，其核心在於，公司要聚焦於吸引更多數位訂閱者。這個目標不但對新聞部有好處（他們將擁有更多讀者），也對商業部有好處（更多訂閱用戶代表更穩定的收入來源，也能吸引更多廣告收入）。經過數次激烈爭辯之後，小組最終選定了「訂閱優先」策略，後來，事實證明，訂閱數量確實是能讓全公司一起追蹤成長狀況的關鍵共同計分板。湯普森在二〇一二年被任命爲執行長時，公司只有六十萬名數位訂閱用戶，到了二〇二〇年，數位訂閱戶數已經突破了五百萬大關。在他擔任執行長的期間，股價成長超過了四倍之多。湯普森在二〇一三年從富比士（Forbes）延攬了梅蕾笛絲．科皮特．萊文（Meredith Kopit Levien）到紐時擔任營收長，並在二〇二〇年把執行長的位置交接給萊文。

安進藥品：如何主動改變

凱文在安進藥品擔任總裁與執行長共二十年，這段期間，公司的主要焦點都放在成長上。在他的繼任者鮑伯．布萊德威接下執行長的位置時，新的領導團隊認爲，最重要的工作是讓安進藥品準備好進入下一個階段的成長。他們在評論安進藥品時，往往會用這句話作爲開頭：「現在的狀況很好，但是……」

這個「但是」代表的是，現在的安進藥品宛如一棟三十五年的老房子，裡頭的管路、窗戶、屋頂與電力系統都是原有的老設施；這些舊的基礎設施需要升級。安進藥品的部分藥物專利即將到期（意味著公司營收將大幅下降），他們需要資金才能推出新產品，此外，公司正計劃擴展到其他幾十個國家。安進藥品認爲，如果再不做出必要的改變，很快就會有競爭者或積極的投資人出現，屆時，也必須因這些外部力量而被迫改變。「我們知道需要花好幾個季度，才能把這個概念推廣到全公司上下，推動人們採取行動，之後還需要幾個季度來進行改變。」布萊德威說，「我們知道公司還有一些時間，但不算充裕。我們必須在不得不改變之前，先做出改變。」

在營運狀況良好時推動改變，總是更加困難，但安進藥品的案例能讓我們清楚看到，該如何在看似無須改變的時候打破現狀。安進藥品的領導人先是以一個簡單的標語開啟有關轉型的必要對話：「打造一家更好的公司」。「我們想要創造出一種語言、一種技巧與一套方法體系，讓安進藥品能在十年後持續改變。」布萊恩．麥克納米（Brian McNamee）說道。他是凱文的領導團隊中的人資長，而後被布萊德威任命爲首席轉型長。「轉型可以是一系列的事件，但如果你選對了執行的方法，轉型將會轉化爲長期持續進步的能力。」麥克納米補充道，「所以我們的目標是爲公司建立這種能力，打造一家更好的公司。我們從一開始就非常謹慎，沒有爲這個標語添加任何具體的細節。」

布萊德威和麥克納米向領導團隊提出一個很簡單的問題：我們要如何打造一家更好的公司？雖然這是自由的腦力激盪，但他們還是爲會議設立了一些基本規則。舉例來說，他們會告訴與會者，每個人都必須「讓步以保持中立」，意思是領導團隊的成員必須在想要保護自己的商業部門時克制衝動，將公司的利益擺在最前面。這意味著他們會為了解決艱難的議題而產生衝突，例如某些需加以控管的成本結構。「我的責任是確保他們參與了艱難議題的討論。」麥克納米說，「你必須事先說清楚，現在我們要把這些問題攤在檯面上討論，而不只是在檯面下說說而已。」

接著，布萊德威在安進藥品裡找了幾名極具潛力的年輕主管，組成一支名為「三十幫」（Gang of 30）的團隊，讓他們一起尋找解決公司困境的新方法。與此同時，他也向公司各層級的員工徵求新構想，清楚表明他希望能聽見他們想得到的所有想法，即使這些想法有點異想天開也沒關係。身為首席轉型長，麥克納米的職責之一，就是確保領導團隊的成員不會篩選掉任何構想。布萊德威說：

這個組織的成員需要能夠放心地提出任何一種意見，再讓我們從中揀選出明智的選項。我們正在試著為組織培養信心，讓員工們相信高層沒有愚蠢到會選擇對公司有害的選項，因此他們無須害怕提出極端的意見。較下層的主管常會說：「我不想要提出這個選項，因爲我擔心他們會選擇這個選項。」他們也可能會認爲：「提出這個選項會顯得我很笨。」因此，我們必須不斷告訴他們，我們想要他們能想到的所有選項，藉此培養其信心。你必須不斷以身作則地實踐這個論述，並堅持要他們把所有想得到的選項都提出來，即便他們認爲太過極端也一樣。如此，我們才能意識到，其實有許多途徑可以解決問題。

舉例來說，安進藥品一直以來都將新藥開發流程分成兩個部門——研發部與執行部——員工因此出現了許多低效率且視野狹隘的行爲。三十幫在仔細研討這些流程後，建議合併這兩個部門，如此一來，新藥的開發速度會更快、交接程序更少，也能減少重疊與冗餘的作業。毫無意外地，這兩個部門的主管大力反對這個主意，但高階領導團隊在檢視這項提議之後，立刻決定合併這兩個部門。「這是非常重大的改變，等於是向全公司上下傳達一個訊息：這次的轉型和以往不同，爲了打造最棒的公司，沒有任何選項是不可能的。」麥克納米說。

布萊德威和麥克納米都很清楚，他們在徵求與挑選意見時，必須搭配審慎的溝通計畫，才能循序漸進地說服位階最高的五百位主管的認同，讓他們相信公司確實需要改革。因爲公司裡有「冰凍中層」（frozen middle）——這是一個商業界常用的比喻，意指企業中某些階層的主管傾向於保持現況，所以會阻止下層員工的意見冒出來，並且把上層主管的指令凍結起來。但在許多組織中，這個冰凍中層的位置很可能比領導人想像的還要更高階。因此，布萊德威與麥克納米創造出「脊柱式發起人」（sponsorship spine）的概念，以確保他們能說服第二高階的主管，讓這些主管相信公司需要改變，如此一來，他們才會向直屬下屬提倡轉型計畫，並讓下屬在他們的團隊中倡導公司需要改變的想法。

「執行長當然可以挺身而出，對所有人述說想要推動改變，但到頭來，當法國團隊的經理或佛州坦帕團隊的負責人走進會議室時，終究還是要由這些當地團隊的直接上司來宣布這件事，而宣布的方式則取決於這些上司的想法。」布萊德威說，「如果這些上司說的是『好，我們會做最基本的事。』或『我不知道這是什麼意思，我們稍後會弄清楚。』那麼團隊當然不會卯足全力地處理這件事。反過來說，如果你走進會議室時，你的上司告訴你：『接下來我們要這麼做。』然後，他們以最眞誠的態度詳細傳達了公司的訊息，而不是像在誦讀執行長給的文稿，那麼團結的魔力就會擴散開來，而這就是我們希望獲得的成果。我們清楚意識到，必須把五百位高階主管全部納入說故事的行列中。」

他們爲轉型付出的努力獲得了回報。他們省下十九億美元的開支，取得更快速的成長與更高的利潤，同時將多個國家納入公司的版圖之中。麥克納米在二〇一九年離開安進藥品後，開始爲其他公司提供有關轉型的顧問服務。他最常遇到的問題之一是，領導團隊打從一開始對轉型的需求就完全沒有共識。麥克納米說：「我合作過的一名執行長告訴我：『我們的目標是這個，每個人都同意這件事。』我告訴他：『給我一個小時和你的六位直屬下屬談談。』和這些人會面後，我告訴這位執行長：『你們對目前的現況沒有共識，而且你們對於達成目標的方法抱持截然不同的看法。』」

「我告訴這位執行長：『你們對目前的現況沒有共識，而且你們對於達成目標的方法抱持截然不同的看法。』」

——布萊恩．麥克納米，安進藥品前任首席轉型長

我們可以從他的這段經歷中了解到，在我們對公司要改變哪些事物進行有意義的討論之前，必須先對目前的狀況有相同的理解。「你必須停下腳步，專心致志，確保你對現況有客觀的觀點，不會屈服於會議室裡的政治風向。」麥克納米說，「你就像是在爲改變的必要性建立論述。」

許多執行長都因爲看見安進藥品轉型成功的案例，開始向布萊德威尋求建議。他說：「我總是會先提出這個問題：你要親自領導轉型嗎？還是要把轉型委派給其他人？假如執行長要把轉型委派給其他人，你的組織馬上就會發現這件事，在這種狀況

下，員工推動轉型的積極程度會比較低。如果執行長非常認眞地帶領轉型、投入大量精力，組織同樣也會馬上發現這件事。成員會意識到：『喔，我想我們眞的必須這麼做了。』」

好雲公司：以開放的心態面對挑戰

安進藥品和紐約時報公司都是在公司根基穩固的狀態下，開始計劃與執行轉型。他們有明確存在的使命與理由，而他們必須重新建構工作方式，藉此善用已擁有的優勢。

然而，假設你是現今市場中成千上萬的創業者之一，必須日復一日地尋找新客戶與更多收入，才能建立起自己的公司並讓投資人放心，那你需要的是哪一種轉型呢？沒錯，你當然精於「轉向」這門戰略藝術——爲了達到客戶的需求，你的公司必須不斷進行微調。但是，如果你的整個商業模式突然受到客戶的質疑，該怎麼辦？遇到這類存亡危機時，公司必須進行大規模轉型、放大各種挑戰，並加速改變的時程，而公司創始人與領導團隊必定會從中獲得寶貴的經驗。

許多年輕公司的執行長都不願意分享這類故事，他們傾向於在顧客與投資人面前樹立信心滿滿的形象。但好雲公司的大衛．波利提斯認爲，新創公司的執行長應該要多分享他們遇到的黑暗時刻，如此一來，執行長們才能從彼此的經驗中相互學習。「身爲一名創業家，我認爲很重要的一件事就是以開放的心態面對挑戰，不要表現得彷彿你的生活只有Instagram上那些美好至極的事物。」他說，「當你詢問創業家他們現在過得怎麼樣時，幾乎每個人都會回答你：『很順利。』你當然會想要這麼說，但我不會隱藏我們公司正在發生的事。」

「身為一名創業家，我認為很重要的一件事就是以開放的心態面對挑戰，不要表現得彷彿你的生活只有Instagram上那些美好至極的事物。」

——大衛．波利提斯，好雲公司共同創辦人暨執行長

波利提斯於二〇一一年創立好雲公司，當時他認爲各企業正逐漸外包公司的資料中心，轉移到雲端上，屆時，將有許多企業會需要對雲端應用程式進行更多的管理與保護措施。好雲公司的焦點只放在一套應用程式上：Google Apps，現已正式更名爲Google Workspace。到了二〇一五年，好雲公司的員工數量已成長到六十人左右，擁有一千多名客戶，但科技趨勢正在迅速改變。就像是你在建造一棟辦公大樓時，使用了某種電路系統，接著，突然之間，所有租客都要求你在大樓中提供全球各地的插頭都能相容的萬用插座。軟體修補程式是無法解決這個問題的，你的公司必須打掉牆壁，重新整頓電力系統。「忽然間，我們的客戶全都開始評論我們的核心產品：『這個產品很棒，但你們只能處理一小塊區域而已。』」波利提斯回憶道，「我們意識到，我們的商業模式是有極限的，我們必須做出一些很大的變動。」

他召集公司的頂尖科技團隊開會，把這項挑戰告訴他們。科技團隊在理解這個問題的意涵後，全都目瞪口呆，不可置信地說：「我們必須全部砍掉重練才行。」由於波利提斯並不是技術背景出身，所以他只能完全仰賴他的工程師團隊找出答案：

「對領導人來說，擁有一支同舟共濟的團隊是非常重要的，你可以信任他們、仰賴他們。」他找來公司高層的科技與產品主管們，組成「老虎隊」，並於二〇一五年九月向全體員工宣布公司未來的新方向：「這將是公司的全新篇章。」

波利提斯可以肯定的是，他將向全公司上下所有員工坦承好雲公司面臨了哪些挑戰。這是他先前擔任執行長時學來的工作方法。「我以前在一家規模較小的公司工作，當時的我基本上認為，我不該告訴任何人任何事，因為我覺得一旦員工發現有任何事情不對勁，就會辭職。」他說，「然後，到了二〇〇八年，我們跟其他人一樣受到金融危機的衝擊，必須在一天之內裁掉半數員工。每個人都很驚訝。他們說：『我們一直以為公司賺了很多錢。』顯然，我之前什麼都沒有告訴他們。我那時承受相當大的壓力，當時有人建議我：『你不可能獨自一人扛起這一切。如果你是公司裡唯一知道實際狀況的人，那其他人要怎麼幫助你改善或解決你遇到的問題？』我永遠也不會忘記這番話。從那時開始，我總是追求透明化，無論公司發生了好事或壞事，我都會坦白地告訴其他人。」

雖然有許多員工因爲新的挑戰而感到興奮，卻也有些員工心存疑慮，不確定他們有沒有辦法從零開始重建這家公司。在這一刻，波利提斯與領導團隊清楚辨別出哪些員工願意在不確定計畫能否成功時留下來，面對接下來爲期兩年的奮戰。「我們那時學到的一個經驗是，公司在不同階段會吸引到不同個性與不同風險承受度的人，而公司的特性也會因此跟著轉變。」他說，「願意留下來的只有那些想要接受挑戰與面對風險的人。我們流失了許多員工，但留下來的人都已做好承擔風險的準備。」

最終目標似乎十分遙遠，波利提斯爲了讓員工覺得工作有所進展，採用了每次遇到小型勝利就要慶祝一番的策略。「我們要研發的新科技需要四大支柱，每立起一根柱子，我們就會發一封信給全體員工，慶祝我們達到了這個里程碑，並解釋這件事的重要性。」他說，「我們會告訴客戶，我們正在進行變革，並把客戶的回饋發送給公司裡的每個人。如果我們沒有告訴大家現在發生了什麼事，他們會以爲我們的產品永遠無法問世。業務人員看不到工程師正在編寫的程式碼，而工程師眼中通常也只有自己寫下的程式碼。你必須不斷告訴人們，我們現在在做什麼。」

雖然他們達成了這些小型勝利，但轉型的時間已經超過他們原本設立的最後期限，好雲公司的董事會在公司啟動轉型一年之後，便開始感到不耐煩。波利提斯回憶道：

他們說：「怎麼回事？轉型花的時間比預期的還要久，我們需要看到一些成果。」隔天，我召開緊急全體會議，這是我之前從未做過的事。我告訴所有人，這次的董事會會議就像牙齒根管治療一樣痛苦，但這些董事會成員提出的問題是正確的。我們在進行的不是研究計畫，而是商業計畫。我們告訴全體員工，只能留下兩類工作項目，一是爲了推出新平臺而進行的工作項目，二是爲了販售現有平臺而進行的項目，除此之外的工作都必須停擺，唯有如此，我們才能繼續推動營收成長。「如果你的工作計畫和這兩件事無關，請立刻停止那項計畫。」我說，「不需要去問任何人。我不會做任何與這兩件事無關的工作，你也應該和我一樣。這件事沒有討論的餘地。如果你不想繼續在這裡工作，我們不會不高興。我們現在只能全力以赴了。」

有一些員工在轉型過程中向波利提斯和領導團隊表示擔憂，他們覺得公司改變方向的頻率太高了。波利提斯在下一次的定期全體會議中，正面回答了這些員工的憂慮。「我和他們談到亞馬遜和谷歌，還有全球最優秀的幾家科技公司。」他說，「亞馬遜一開始是賣書的，但你看看他們現在在做什麼。他們能有今天的成就，靠的不是在遇到一堵牆時，魯莽地往前用頭重複衝撞那堵牆；他們做的是繞過那堵牆。我認為我們也應該效法那種做法。我們不知道公司最後會走到哪裡。我們或許不是亞馬遜或谷歌，但就算如此，難道我們就應該爲了策略的連貫性，而在遇到一堵牆時不斷衝撞上去嗎？」

後來，好雲公司發展出他們需要的科技，但這只解決了一半的難題。接著，他們必須說服顧客採用這項科技。波利提斯在二〇一七年一月集結了全體人員，設立了一個簡單易懂的目標：在接下來的九個月內，找到一百名顧客來註冊新平臺。雖然他們先前就已經和一些顧客建立了交易關係，但如今他們販售的，是一個能解決更複雜問題的全新解決方案。他們知道這個目標不容易達成。波利提斯說：

儘管這是一段艱難的時期，但全公司上下都擁有一致的目標。在我們的兩間辦公室裡，幾乎每臺螢幕上都有一個從零數到一百的計數器，這些螢幕上就只有這個計數器而已。我們從二〇一七年初開始計數，一月底，計數器上寫著一。到了二月，我們增加了三名顧客。到了三月，我們又增加了六名顧客，四月幾乎沒有任何變化。數字增加得很慢，員工開始提問：「我們要怎麼做，才能達到一百？」順道一提，我們連能否達到一百都不知道；我只是覺得一百就是我們的臨界質量。但我們全都在朝著同一個方向前進。工程師團隊會說：「我們要怎麼做，才能讓顧客願意加入？」然後，計數器又增加了十五個，接著，動量在突然之間就這麼累積了起來。我們最終超越了目標，在九月底達到一百四十位顧客。我們爲此盛大慶祝，買了香檳與上面寫著「一百」的氣球。我永遠也不會忘記那九個月。我們一開始走得跌跌撞撞，最後卻用飛快的速度超越目標，實在令人難以置信。當時好多人都哭了，場面非常瘋狂。

他們的轉型帶來源源不絕的利潤，公司各方面都在迅速成長。每位使用者帶來的平均營收比二〇一五年時還要高十倍；使用者的平均合約年限從一年延長到兩年半。公司營收從二〇一五年的一千萬美元，增長到六千五百萬美元以上。

「我們一開始走得跌跌撞撞，最後卻用飛快的速度超越目標，實在令人難以置信。」

——大衛．波利提斯，好雲公司共同創辦人暨執行長

他們為轉型付出的努力帶來了另一個同樣深遠的影響，如今，波利提斯與應徵者或新的潛在投資人談話時，他不會對這些人說公司的未來一片光明，反而會試著用公司在未來數年內可能會面對的挑戰來嚇唬他們，「我不會過度吹噓公司的現況，我認為比較好的做法，是把公司的優勢、弱點與醜陋之處都告訴對方，這樣，你才能知道

當問題出現時，對方會不會和你並肩作戰。」他說，「現在仍留在團隊中的都是頂尖人才，那些人在面試時、聽到你列出的所有問題後，會告訴你：『這些都是可以解決的。我可能需要花一點時間，但我想要解決這些問題。』」

※

對好雲和紐時這類遇上危機的公司來說，要讓員工了解轉型的必要性是比較容易的事，由於他們正面臨明確的現實困境，公司營收與利潤趨勢線顯然再也維持不住了，因而將改變現狀視為一種選擇。當人們眼前有一座致命的冰山時，就比較難開口說要繼續前進、堅持到底。但是，當企業的狀況更像是二〇一二年的安進藥品，面對的是較不具體、不急迫的威脅，若要說服人們改變，將會異常困難。假使公司根本沒出現問題，我們為什麼會需要解決問題呢？光是在公司急需改變的時候，人們對改變的抗拒度就已經非常強烈了，更不用說在公司的一切事物看似毫無問題時，反抗的程度將會劇烈到讓你認為改變是不可能的任務。雖然最適合改變的時機，事實上正是公司狀況一切順利的時候，但是，當公司沒有明顯的理由需要立刻改變時，領導人將會在想改變時遇到更艱難的挑戰。

我們在本章開頭列出數個與轉型相關的關鍵方法，以紐時公司、安進藥品與好雲公司的狀況作爲實際案例。無論你們組織目前面臨何種狀況，這些關鍵方法對所有領導人來說，都是實用且具有重大意義的。當你在形塑領導轉型的流程時，它們是最基礎的根基：

- 尋找盟友一起倡導改變。
- 清楚描述組織裡的哪些事物不會改變，同時鼓勵所有成員幫忙發展新策略。
- 堅持不懈地保持溝通的透明度與管道的暢通。
- 確保高層領導團隊做出承諾，按照明確的責任歸屬來執行計畫，並用計分板來衡量進度。
- 承認不確定性，同時平衡不確定性與團隊的信心、新方向和即時調整的能力。

轉型並不是一次性的事件，而是一項持續的挑戰。這項挑戰需要領導人在以下兩者之間取得平衡：完善公司現今的營運方式，同時認知到持續顚覆的必要性。你在許多方面必須保持質疑一切事物的心態，即使是在爲長期與短期策略做決策時也一樣。雖然這種做法聽起來似乎會讓公司陷入癱瘓，但這正是值得每一位領導人追求的目標——不斷重新塑造自我，進而重新塑造公司。無論是領導人本身或他們領導的企業，絕對都不能安於現狀。

「我決定開除我自己，並睡一夜好覺，等到明天再考慮這件事。」

——布萊肯．德瑞爾，羅技總裁暨執行長

羅技（Logitech）的執行長布萊肯．德瑞爾（Bracken Darrell）說：

在你持續前進的過程中，你愈是成功，就愈是必須打破常規或創造出一種急迫感，因爲人們常常覺得沒出問題的事就能放著不管。如今，我會把更多焦點放在定期改變各種事物上，有時，同事們會因爲我的想法太過抽象而摸不著頭緒。我也會在眞正深入研究各種事物時，更加依賴直覺。我非常明確地宣布了我會採取這種做法。我曾經分享過一個發生在二〇一八年的故事，當時我已經接下這份工作五年了。在某個星期日晚上，我捫心自問：「我是未來五年繼續待在這個職位的適當人選嗎？」我帶來了多不勝數的改變，股價上漲了大約百分之五百。我很清楚，單從帳面紀錄來看，我確實是接下來五年繼續擔任執行長的合適人選，而且對公司來說，在沒有需要時把我換掉，會是很大的風險。但從另一方面來看，我在這五年間參與了每項人事決策與策略決策。我的缺點是太過了解公司，太過投入於我們正在做的每件事……

因此，我決定開除我自己，並睡一夜好覺，等到明天再考慮這件事。我沒有把這件事告訴任何人，包括我的妻子和小孩。我只是在心中告訴自己，這份工作大概就到此爲止了。隔天早上，我起床後，心裡已經清楚知道我該怎麼做：我要重新僱用我自己，但我必須放下原本我覺得不容質疑的那些信念。這件事讓我超級興奮，而且也超級有趣，我開始改變我創造出來的所有事物。我很幸運，不需要用太過激進的方式進行改變，但我仍感覺到自己整個人煥然一新。接著我意識到，我眞正的改變機會，是把我預設的任期從五年壓縮到一年，接著再壓縮到一個月，然後壓縮成每一天。如果你能眞正做到讓自己每天都不偏不倚地走在中道上，那你就成功了。這是我的終極目標，雖然我覺得它是不可能的任務，但這就是我的目標。

| 第五項試煉 |

你能真正地傾聽嗎？

危險的訊號可能很微弱，
而壞消息總是傳遞得特別慢。

凱文早年時便有很多領導方面的榜樣。凱文的父親是一位海軍上尉，他領導的中隊裡有四百位飛行員，他是凱文在青少年時期的楷模。凱斯・沙爾（Keith Sharer）對於飛行與領導抱有很大的熱忱，經常和兒子分享自己的想法。他的行爲準則之一是：「如果你身爲領導一支中隊的上尉，你最好要成爲最棒的飛行員。」他常說：「隨時把手放在節流閥上。」藉此提醒凱文要隨時做好準備。因此，凱文在很年輕的時候就開始學習領導了。在他升上七年級後，他的童軍隊領袖要求他領導六十名同爲童軍的男孩。他跟隨父親的腳步進入軍中，認眞研修航空工程學，以期成爲一名飛行員。然而，由於他的視力不符合飛行員的標準，因此不得不放棄這個夢想，轉而將全數精力都放在潛艇上。

他在軍中遇見他的下一個榜樣——快速攻擊核子潛艇魟魚號（USS Ray）的指揮官肯・斯特拉姆（Ken Strahm）。每當他們的潛艇停泊在維吉尼亞州諾福克市（Norfolk）時，斯特拉姆和凱文都會共乘去上班。凱文在這段期間吸收了斯特拉姆的領導風格——他總是冷靜、自信又果斷，和當時軍中較常見的那種虛張聲勢、大吼大叫的領導人形成鮮明對比。斯特拉姆對每個人都抱持非常高的期待，但他同時也把權力下放給團隊，十分信任他們。

凱文在海軍任職八年後，於三十六歲那年加入奇異集團，並獲得迅速升遷，得以近距離跟著傑克・威爾許（Jack Welch）學習。由於凱文的上司是策略與業務發展部主管，所以凱文有很多機會能親自向威爾許做簡報。凱文還記得威爾許在各個面向都非常聰明——他的思考速度很快，也非常擅長於概念化、找出模式並提出一針見血的問題。他和特定個性的主管相處得很好，但如果你是個性內向或容易質疑自己的人，那麼對你來說，和他共事就不會是什麼愉快的經驗。

凱文在人生的關鍵時刻受到這些影響，因而更加強化了他的核心領導原則。他認識與共事的成功人士全都自信滿滿，總是能清楚描述出自身的期待，而且具有非常強烈的存在感。凱文自然而然地養成了指揮與控制的強硬風格，也因此獲得多次升遷。「我當時的口頭禪是『我在趕時間』。」他回憶道，「我總認爲自己是房間裡最聰明的那個人，而且我可以在和你見面的頭五分鐘內證明這一點，因爲我可以在五分鐘內看穿一切。我甚至會爲了節省時間而打斷其他人說話，把他們要告訴我的話說給他們聽，如此一來，我們就可以進入這段對話中眞正重要的階段：由我來告訴他們該怎麼做。令人驚訝的是，這種做法並沒有爲我帶來負面後果。我的學習速度很快。這個方法對我來說很有用。」

但他終究還是遇上了這個方法行不通的時候。在奇異集團工作了五年，在世界通訊公司工作了三年，接著在一九九二年，凱文進入安進藥品擔任總裁與營運長。公司在二〇〇〇年任命他爲執行長，他打造了一支新的領導團隊，爲公司制定了增加營收與利潤的計畫。公司連戰皆捷，成了雜誌封面故事，又接二連三獲得許多認可，致使凱文踏入了他後來所謂的「自負危險區」。他開始心不在焉，不再追根究柢——「我變得懶得動腦了。」後來，有一位他很信任的助手告訴他，公司裡很多人都在謠傳，如果要和凱文開會，盡量避免在下午三點之後，因爲時間愈晚，凱文的專注力就愈低。

然後，危機襲來。安進藥品一直以來都在生產一種名爲依普定（Epogen）的紅血球生成素，公司有三分之一的利潤都來自這款藥物，該藥物被認爲幾乎沒有任何副作用。然而，在凱文擔任執行長的第七年，開始有研究指出，在較高的劑量下，患者出現心臟問題的風險將會增加。美國食品暨藥物管理局（Food and Drug Administration，簡稱FDA）下令改變其處方方式，導致安進藥品這款主力藥物的銷售量急遽下滑。隨著利潤下跌，凱文下令執行了公司有史以來的首次大規模裁員，裁撤了百分之十四的員工。一開始，他非常憤怒，認爲這場失敗都是其他人的錯。「我拒絕接受事實。」凱文回憶道，「我變得沒有耐心又傲慢自大，我一心認爲其他人將會解決這個問題。但那場危機讓我意識到，我是個非常糟糕的傾聽者。」

當他幡然醒悟的那一刻，他正獨坐在聖莫尼卡的一間餐廳裡，等待女兒與女婿來共進晚餐。他們被困在車陣當中，正好給了他反思的時間。他再也無法逃避醜陋的眞相：在面對依普定危機時，處理失當的人就是他自己。他開始在餐廳的白色餐巾紙上寫下自己應該爲哪些事情負責，這份清單中的自我批判很快就超過十幾項，其中包括：「我沒有眞正傾聽問題。我沒有眞正投入注意力。我沒有盡力確保我們和監管機構的關係牢靠度。我擅自認爲其他人會解決這個問題，卻沒有爲他們提供清楚的指示，也沒有建立出適當的後續追蹤流程。」

從那天開始，他下定決心要努力成爲更好的傾聽者。在和其他人開會時，他不再一次想著八件事，而是更專注於當下。凱文不再打斷他人的話或告訴人們該怎麼做，也不再把對話視爲單純的資訊交流；他開始尋找對話背後的脈絡，並尋求他人的建議。他不但會傾聽對方說的話，還會觀察肢體語言透露的蛛絲馬跡，找出對方沒說出口的事。他在重新調整態度的過程中，向他的兩名得力助手承認，他需要爲這次的危機負起很大的責任，並指出自己有哪些不足之處，這讓他們大吃一驚。接著，凱文制定了定期調查、對話與回饋的機制，在公司內外開啟溝通管道，以便能及早察覺微弱的警訊與可能的機會。他意識到，在領導人的溝通藝術中，其中一個關鍵在於心態——領導人在傾聽時，必須拋下其他干擾與批判心態，純粹爲了理解而傾聽。另一個關鍵則在於，領導人是否致力於創建合適的系統與流程，把「主動傾聽」全面提升到高度警覺的程度。

「你不只要傾聽坐在你面前的人說的話。」凱文說，「你還要警惕地傾聽你營運的整個生態系統發出的聲音。你會收到來自四面八方、或強或弱的訊號，訊號源頭包括食藥局專員的評論，董事會、媒體或公司裡的某些流言。你能傾聽所有訊號，並把訊號與雜音區分開來嗎？這絕非易事，畢竟，多數人在和你溝通時，只會對你說能討你開心的訊息，因爲你的團隊希望能保護你不受負面訊號或剛冒出頭的問題所干擾。」

※

許多商學院都缺乏傾聽的課程，但傾聽卻是領導人必須精通的技巧。領導人需要依靠傾聽，來抵禦那些會把他們困在同溫層中的危險力量，避免他們自以爲對於組織中發生的所有事件都了然於心。由於問題鮮少會隨著時間過去而逐漸消失，因此，假使領導人一直毫無作爲，最終往往會招致災難性的後果。這類案例中，最著名的或許是一九八六年的挑戰者號（*Challenger*）太空梭災難事件，挑戰者號因爲O型環出問題，未能在低溫下保持密封而導致爆炸。該事件的調查委員會對美國航太總署（NASA）的「管控孤立」提出嚴厲的批評，指出這次的失敗應歸咎於負責設計與製作火箭推進器的領導者。我們一次又一次地見證許多公司落入同樣的陷阱，例如波音（Boeing）公司與737 MAX客機的安全問題，這些公司的行政管理系統中，早就有人注意到問題了，但他們卻因爲害怕受到處罰，或是認爲自己提出的問題會被忽視，又或者擔心同儕會施壓要求他們不要掀起波瀾，所以決定不向上司提出問題，最後導致公司發生嚴重的危機。

這類挑戰的核心在於高階領導人（尤其是執行長）在工作時，必定會遇到一個重要悖論：他們能獲取意見的管道比公司中的任何人都還要多，但他們接收到的資訊，卻比其他人收到的還不可靠，因爲訊息往往經過層層包裝。警訊變得溫和；關鍵事實被省略；數據經過了美化。領導人提出問題時，員工的預設回應往往都是豎起大拇指說：「老闆英明，一切都很好！」當領導人開始懷疑自己看不清事件全貌時，會在夜深人靜時，盯著天花板暗忖：「我要怎麼獲得我應該知道的資訊？」想要回答這個問題，領導人通常必須付出超乎想像的努力。每個組織中，每分每秒都有成堆的問題在發酵，若沒有好好正視的話，有些問題可能會導致整間企業陷入絕境。

然而，領導人經常因為自信與過時的領導風格，使自己陷入資訊同溫層中。他們就像剛進入業界的凱文一樣，認為自己比所有人都領先一步，充滿自信地覺得自己無所不知，沒有耐心傾聽他人說話。許多高階主管至今仍贊同「你有料就領導，沒料就跟隨，否則就滾蛋」（lead, follow, or get out of the way）的策略。這種領導風格無疑能達成極高的效率，至少在短期內是如此。相較於和員工討論「我們現在遇到這個挑戰，你們覺得最好的解決辦法是什麼？」，直接下達「立刻去做這件事」的命令，當然能省下更多時間。有些執行長認為，支付高薪給領導團隊，就是希望他們能做好分內工作，而領導團隊的職責之一就是好好解決問題，別拿這些問題來煩上司。在《奇異衰敗學：百年企業為何從頂峰到解體？》（*Lights Out: Pride, Delusion, and the Fall of General Electric*）一書中，作者湯姆斯．格利塔（Thomas Gryta）和泰德．曼（Ted Mann）指出，奇異集團前執行長傑夫．伊梅特（Jeff Immelt）在遇到下屬質疑公司野心勃勃的成長目標時，會對這些下屬說：「你們這些人就是野心不夠強大。」後來，員工們不再和執行長溝通，創造出一種「成功劇場」（success theater）現象：人們在對話時，只提出顯而易見的進程，藉此規避對眞正的問題進行嚴肅的討論。伊梅特絕不是唯一一位這麼做的領導人，而當領導人發出這種訊號時，將使得其他人不願意提出嚴重的問題或分享壞消息。

「與我們談話過的許多員工全都不約而同地說：如果你不同意老闆的看法，當場就會被解僱。」

——奈爾．米諾，林斯公司前負責人

「在我們持股的企業中，每家表現不佳的公司必定都有一個特質，就是執行長拒絕傾聽任何質疑的言論。」林斯（Lens）公司一九九〇年代的負責人奈爾．米諾（Nell Minow）如是說。林斯是一家奉行股東積極主義的公司，他們曾買下數十間公司的股票，包括美國西爾斯百貨（Sears）、讀者文摘（Reader's Digest）與美國廢棄物管理公司（Waste Management）等，再藉由公眾宣導向這些公司的董事會與領導人施壓，推動他們採取積極作爲。「這些公司的執行長全都費了很大的功夫，以確保公司裡沒有人能對他們提出質疑或批判。」米諾補充道，「我們曾遇過一家公司，與我們談話過的許多員工全都不約而同地說：如果你不同意老闆的看法，當場就會被解僱。」

高階主管的特權與高傲態度可能對公司有害，並帶來危險。雖然許多領導人都很喜歡說自己總是採用「敞開大門」政策，但事實上並沒有眞正做到。他們或許敞開了辦公室的大門，但員工很快就會意識到，他們絕不能直接走進去提出意見。員工在和上司談話時，心中往往懷有各種不同的考量。雖然有些員工會表現得比較隱晦，但他們同樣都希望能利用這些談話來獲取個人利益，或許是對未來職涯抱持的雄心壯志（例如透過陷害同事來達到此一目的），也或許是希望透過遊說上司來獲取更多資源。上述種種因素結合起來後，會形成一道難題，領導人必須用更高效能的方式傾聽，才能清楚理解組織內所有的正面與負面訊號。想要打破同溫層，你必須規劃適當的策略，而規劃策略的第一步，就是要意識到同溫層的存在。

※

HBO頻道的原創影集《黑道家族》（*The Sopranos*）描述的是紐澤西州郊區一個黑道家族的故事，在該影集的第五季，身爲黑道老大的主要角色東尼．沙普蘭諾和妻子卡蜜拉起了口角。當時，他們才剛分居不久，正因爲幾筆帳單而爭論不休，其中一筆是在他們家的影音室安裝新音響系統的費用。東尼嘲諷地詢問卡蜜拉，是不是爲了她那些「堪比專業影評人的朋友們」而安裝這套系統。「至少我還有朋友。」卡蜜拉回嘴。「你這話是什麼意思？」東尼質問。卡蜜拉告訴東尼，那些跟他鬼混的人都是領他薪水做事的，根本不是他的朋友，只是一群馬屁精。「你是他們的老闆，他們都很怕你。」她接著又補充道，那些人的工作就是「在聽到你的蠢笑話時哈哈大笑」。

「你要留心觀察其他人在你說了笑話後，有何反應。」

——奈爾．米諾，林斯公司前負責人

雖然東尼怒氣沖沖地衝出去，但卡蜜拉的話已經在他心中種下了懷疑的種子。後來，他在和手下們玩撲克牌時，決定要測試卡蜜拉的說法，故意說了一個很難笑的笑話。「你們知道在一架大型噴射機上遇到會計員時，會發生什麼事嗎？」他問那些人。「那架飛機會變成無聊七四七＊。」他的手下們立刻哄堂大笑，這完全在東尼的預料之外。接著，鏡頭以慢動作環繞牌桌一圈，特寫了這些手下的表情，他們全都表

＊ 譯注：諧音笑話，無聊七四七（Boring 747）的英文發音與波音七四七（Boeing 747）相近。

現得彷彿東尼是一個喜劇天才，指著東尼大笑不已。然後，鏡頭回到東尼臉上，觀眾可以從他緩慢的眨眼看出來，他已經意識到卡蜜拉所言不假。

「你要留心觀察其他人在你說了笑話後，有何反應。」這是米諾從她的長期生意夥伴鮑伯・蒙克斯（Bob Monks）那裡學來的領導守則之一。當時，她剛成爲機構投資人服務（Institutional Investor Services）公司的總裁，這是她初次擔任重要領導人的角色。「我每週都會反覆思考這件事三四次。」米諾說，「不是因爲我說了笑話之後其他人會哈哈大笑，而是因爲我必須不斷提醒自己，隨著我在組織中的地位愈來愈高，我將會愈來愈難聽見其他人的誠實回饋。」

那麼，領導人要如何打破這種同溫層呢？我們可以經由以下幾個案例，了解部分領導人如何設定適當的氛圍與期望，讓員工願意分享未經修飾的眞相：

- 布萊肯・德瑞爾於二〇一二年加入專門生產科技配件的羅技公司時，他注意到多數員工因爲公司文化而表現得太過和善，甚至在公司的績效衰退時，員工依然選擇袖手旁觀。因此，他在上任後不久，就清楚描述了幾個重要的價值觀，其中包括他認為最重要的一條準則：勇於表達自己的意見。「在經歷困難時，每個人都會討論自己遇到的問題，而羅技經歷困難的時間已經長達四年了。」德瑞爾說，「但是，如果沒有人願意傾聽，這些人就會停止談論問題，導致你無從意識到問題的存在。對領導人來說，最危險的狀況就是當你坐在辦公室時，沒有人願意走進來告訴你哪裡出錯了。所以，我立刻開始和羅技的員工討論『勇於表達意見』與『迅速行動』這兩件事。我當然不喜歡和混蛋共事，但我希望公司裡的每個人都能挑戰彼此的意見。」

• 安永會計師事務所的凱莉．格里爾告訴員工，他們的職責就是不斷向她提供她需要知道的資訊。「你必須營造出適當的文化與環境，讓員工能自由地對身為領導人的你提出挑戰。若你沒有做到這一點，便會因為有太多盲點致使自己陷入岌岌可危的處境。」她說。在擔任領導人的這五年間，她再三提醒團隊中的每個人與董事會成員：「你們有責任幫助我積極解決盲點。你們要告訴我真相，誠實地和我溝通。我們至少必須擁有這種程度的互信基礎。」

「雖然階級制度是我們在管理複雜事物時的必要之惡，但階級制度不能影響到我們對個體該有的尊重。」

——馬克・鄧普頓，思杰公司前總裁暨執行長

- 軟體公司思杰（Citrix）的前執行長馬克・鄧普頓（Mark Templeton）爲了確保員工不會被頭銜或階級威嚇，特地採用了一套適當的架構。「你必須確保自己絕對不會混淆這兩件事：管理複雜事物時必須使用的階級制度，以及每個人都應當被尊重。」他說，「有許多組織都是因爲混淆了尊重與階級制度，認爲對位階低的人只需付出較低的尊重，對位階高的人就應該高度尊重，因而導致

組織脫軌。雖然階級制度是我們在管理複雜事物時的必要之惡，但階級制度不能影響到我們對個體該有的尊重。只要你能一而再、再而三地對每個人重複這個觀念，那麼無論他的職銜是什麼，他都會願意寄電子郵件給你，或在任一個時間點來找你——可能是向你提出一個很棒的構想或重大的問題，也可能是想要尋求建議，任何事都行。」

- 前美國商務部長潘妮·普利茨克（Penny Pritzker）在面試求職者時，會直言不諱地向他們說明不提出問題的危險性。「當我們即將正式僱用某位求職者時，我會和他討論一些可能導致他被解僱的問題。」她說，「如果你想被解僱，只要這麼做就行：說謊、欺騙或偷竊。除此之外，還有一件事也會導致你被解僱，就是在遇到問題時不告訴任何人。問題總是會發生，而我的工作就是幫助你解決你的問題。我從過去的經驗中學到，最麻煩的人往往不會告訴你事情的完整經過，而是會隱瞞一些實情。他們不會從頭到尾把事情說清楚，這種行徑會讓我很憂心。通常，他們之所以這麼做，是因為不想說出你不想聽的話。你必須允許他們說出壞消息。」

- 無線系統公司艾拉科技（Aira Technologies）的執行長阿南德・錢德拉塞卡（Anand Chandrasekher）要求他的團隊遵循一條很簡單的規範：發生壞消息時，請用簡訊通知他；有好消息時，請當面和他分享。「無論在哪個組織裡，最困難的一件事就是讓組織裡的人對你絕對誠實。」他說，「人類的天性傾向於只分享好消息和接收好消息。如果你能營造出適當的環境，讓團隊和組織不再害怕傳遞壞消息與接收壞消息，那麼你就等同成功打造了一個早期預警系統。若你能提早收到壞消息，就可以更迅速地做出反應，而那段反應時間是千金不換的。」

- 英國糖業（British Sugar）公司的常務董事保羅・肯沃德（Paul Kenward）不定期與員工團隊會面時，會問他們：「你在英國糖業工作的過去這五年中，最讓你驕傲的成就是哪些？」在員工回答後，他會接著問：「現在，請你想像我們來到了五年後。你認為那時候，我們最驕傲的會是哪些成就？你眞心希望能在五年後取得哪些成就，或者改變哪些業務？」肯沃德說，這些問題能讓人們更容易以積極正面的態度討論他們目前發現的問題。「這是一個簡單卻聰明的方法。」他補充道，「你必須先問他們現在對於哪些成就感到自豪。你需要讓他們覺得自己已經有長足的進展。改變是一件很困難的事；我們確實有能力做出改變，但如果你不點出這件事，人們將會在開始改變之前直接放棄。多數組織實際上已經做出許多改變了，你要做的只是點醒大家而已。」這種方法的另一個好處在於，你可以把對話的焦點維持在「改善組織」這個大概念上，避免員工有時在全體會議的問答流程中，緊抓著一些細微末節不放。

「如果你真的想要知道公司現在正發生什麼事，就必須走出辦公室，傾聽前線人員說話。」

——蘇珊．斯托利，美國水務公司前執行長

光是期望員工說出自身感受是不夠的。領導人必須投資時間與精力，走進公司的走廊、前往工廠或商店、定期舉辦全員大會（理想上來說，應該給員工一些匿名提問的機會），並和來自不同部門與階級的員工小組開會。沒錯，這些事情相當曠日費時，但這是領導人的核心工作之一。如果領導人把自己困在象牙塔思維中，感知與事實之間的鴻溝便會愈來愈大，他們將無法得知公司裡眞正發生的事，進而減緩公司的動能，使頂尖人才萌生去意。美國水務公司（American Water）的前執行長蘇珊・斯托利（Susan Story）至今仍記得一段兒時回憶，她用這段回憶時時提醒自己，要走出辦公室和員工互動。她說：「我父親是一名管道安裝工人。我記得我十二歲時，他正在做一個大項目，有一天他回到家後，不斷搖頭嘆氣，說他想出一個能夠爲雇主省下一大筆錢的方法，但他的主管不願聽從他的建議。我還記得我當時想著：『多麼愚蠢的主管啊。』我一直記著這件事。如果你眞的想要知道公司現在正發生什麼事，就必須走出辦公室，傾聽前線人員說話。」

與更廣泛的員工小組見面是很重要的機會，領導人能藉此向員工提醒公司的策略，並在提問環節釐清所有誤解。此外，領導人也可以利用這些會議找出問題，及早獲得警訊，運用有效率的提問方式引導人們分享自身想法。阿貝．雷文（Abbe Raven）在領導A＋E電視網（A＋E Networks）時，經常與各階層的員工定期舉辦小型的早餐、午餐或下午茶聚會。「我每次的開場白都是：『如果我是從別的企業被挖角來的新執行長，而這是你第一次和我見面，你會想要談論什麼話題？哪些事物是我們應該改變的？哪些是我們應該維持不變的？』」在新員工進入公司數個月後，她會在走廊攔下他們，並詢問：「你覺得在這裡工作，有哪些是在以前的工作中沒碰過的？你在前公司已經習慣的事物中，有哪些是我們也應該採用的？」

在小組對話或一對一會議中，領導人必須練習傾聽的核心技巧，才能引出人們的真心話。無論何時，許多高階主管心中總是同時想著十件事，對他們而言，要專注在當下是一件很艱難的事，但對領導人來說，這是必須駕馭的能力。專注在當下，也代表你傾聽的目的是理解，而非批判。「你不能一心二用。」捷藍航空（JetBlue Airways）董事長兼彼得森合夥（Peterson Partners）公司創辦人喬爾．彼得森

（Joel Peterson）說，「在傾聽別人說話時，如果你心中同時想著其他事，那你當下其實是在規劃自己的回覆，而不是想要理解對方說的話。你必須眞眞切切地將注意力放在當下。假如你一直想要展現自己的能力、想要被聽見或想要其他事物，傾聽的過程就會受到嚴重影響。要是你確實把注意力放在當下，就能眞正進入他人的世界中；在我看來，這樣的互動能建立起信任感。」領導人可以利用一個很有用的小技巧，隨時在心中想著「WAIT」，意思是「等待」，同時也是「我爲什麼在說話？」（Why Am I Talking?）的縮寫。領導人說的任何話語，可能會在眨眼間終結討論，讓參與談話的人們不願繼續發言。

> 「在傾聽別人說話時，如果你心中同時想著其他事，那你當下其實是在規劃自己的回覆，而不是想要理解對方說的話。」
>
> ——喬爾．彼得森，捷藍航空董事長

對領導人來說，成為更好的傾聽者，絕非寫在便條紙上提醒自己就能達成的事項，也絕不是領導人冗長的責任清單中的額外雜務。領導人必須改變心態、磨練所需的相關技巧，才能定期獲得需要的回饋，成為一名更好的傾聽者。我們可以使用凱文在安進藥品工作時發展出來的「傾聽生態系統」。他每季都會請團隊提供一份關於競爭對手的報告，了解對方正面臨哪些挑戰，接著詢問，如果安進藥品也陷入同樣的狀況，他們要如何解決這些問題。他擴大了公司內部的資訊來源網絡，包括增設一位主任，專門負責和公司的監管機關食藥局接洽。他為這些會議發展出一套結構化的問題，他會詢問同事：「我們是否履行了我們對食藥局的承諾？食藥局裡有沒有人對我們有負面的評價？食藥局接下來的關鍵事件是什麼？你還有什麼事情要告訴我的嗎？」他會與公司中負責監督合規的副總裁定期開會，以確保安進藥品的銷售部門不會踰矩，只會和醫師討論藥物的臨床效果，而不是這些藥物對醫師的利潤有何影響。他和製藥廠的主管建立了良好關係，經常去拜訪他們。他會跟銷售代表一起搭車，在他們打銷售電話的空檔詢問他們可能有的任何疑慮。

傾聽危險訊號是一件至關重要的事，不過，傾聽有關機會的訊號也同等重要。雖然安進藥品度過了依普定危機，再次開始穩定成長，但由於社會大眾此時已不再關注生物製藥業，所以他們的股價沒有成長。安進藥品的領導團隊與大股東都認為公司的股價被嚴重低估，其中一位占比極大的投資人在一次長談中詢問凱文，為何生物製藥業中有那麼多公司的債務都這麼少。按照傳統觀點來看，生物製藥公司需要把資產負債表保持在一個相當穩固的狀態，才能撐過專利到期的風暴或安進藥品剛剛經歷並克服的危機。

凱文不斷思考這名股東提出的問題，後來他開始進行一些粗略計算，如果公司要趁著低利率時期借貸，用來買回大量公司股票，那會需要多少成本，又該留下多少錢作為應急金。他的團隊一聽到這個想法就嚇得臉色發白，但凱文堅持要這麼做，最後，安進藥品以每股六十美元的價格收購了大部分股份，股價在那之後上漲了四倍以上。很快地，其他製藥公司也紛紛仿效安進藥品的做法，而這一切都始於一名股東提出的一個簡單問題。「那名股東傳達的訊息出乎我的預料，我用開放的心態接收了這個訊號，並冒了一點風險來採取行動。」他說。（請注意，我們提出這個案例並不是要告訴你「回購股票」是解決所有問題的萬靈丹。在許多案例中，爲了短暫的股票波動而回購股票，只會耗盡公司的現金儲備，理應受到嚴厲批判。安進藥品的股價是在回購股票之後急遽上揚的，這項事實清楚表明，安進藥品的回購是在正確時機做出的正確舉動。）

凱文在建立傾聽生態系統時，還採用了其他步驟，包括要求人資長布萊恩．麥克納米定期調查領導團隊對凱文的績效有何看法。他代表凱文提出的問題包括：「有哪些我現在在做的事，是你希望我繼續做下去的？有哪些事情是我應該要停止或大幅修正的？有哪些事情是我應該要開始做或做更多的？你還有什麼想要告訴我的事？」爲了鼓勵領導團隊坦誠回答，麥克納米會將所有答案統整成一份報告給凱文，凱文則會把這份報告轉交給董事會成員，讓他們自行討論（凱文的執行長朋友全都認爲他這麼做簡直是瘋了）。在安進藥品的年度員工問卷調查中，凱文總是會加上這個問題：「你覺得凱文的工作表現怎麼樣？」他會提供空白欄位，讓大家自由評論對凱文的績效表現有何感想。在收到數百封回函後，凱文會在晚上閱讀這些回覆，他通常會邊看邊喝點小酒，幫助他消化這些有時十分直率的回饋。舉例來說，有許多人都表示，他們覺得凱文是個有點距離感的領導人。因此，凱文決定要花更多時間在公司露面，他會在大廳裡走動、在公司餐廳和同事聊天，並舉辦更多的全體員工會議。

「在建立傾聽系統時，你不能只是被動地接受來到你面前的聲音。」他說，「你必須創造出適合的結構，讓人們知道你想聽他們說。」這意味著你必須根據最佳建議採取行動，向人們證明你確實有在聽他們說話。舉例來說，在凱文和安進藥品的董事會進行了重要的會議或討論之後，他經常會爲討論內容寫下一份總結，確認他們的意見，並記錄他接下來要採取的步驟，再將這份文件發送給董事會的所有成員。「這證明了你確實在傾聽、尊重並理解他們所說的話，同時闡明你將要採取的行動。」他說，「如此一來，他們就不能指責你沒有在聽他們說話。你也可以明確定義公司發生的事情，並闡明下一步行動，讓他們有機會提出異議或澄清他們的意見。」

凱文甚至每隔一段時間就會重新檢視自己的所作所爲，就像他在依普定危機後，在聖莫尼卡的義大利餐廳眞實面對自己時那樣。「我偶爾會花一些時間獨處，寫下我眼中的現實，而不是經過粉飾的版本。」他說，「我們當下所面對的眞正問題是什麼？我一直在設法了解的是事實——並不是我想看見的版本、一些幻想、一些局部的片段，而是斬釘截鐵的事實。」在擔任執行長的第十年，凱文在加州的海邊租了一間小屋，獨自花了一個週末的時間，針對自己過去十年來的表現打了成績，其中包括有哪些事他做得很好、有哪些事他應該可以做得更好，以及他在未來應該聚焦於哪些事情上，才能克服公司即將面對的挑戰。他也把這份成績單分享給董事會。

他還改變了自己的傾聽方式，試圖比危機發生之前更專注於當下，更注意肢體語言。「這就像是醍醐灌頂。」凱文回憶道，「我發現，我過去爲了效率與決斷而採取的行爲模式，實際上會阻礙我傾聽其他人說話。所以我放慢腳步，確保自己準備好要傾聽，並空出時間來傾聽。」他將自己的辦公室布置得像客廳一樣，總是坐在遠離辦公桌的椅子上進行一對一會談。「我想要營造出一個能讓直屬員工信任我的環境，即便他們告訴我的是壞消息，也不會覺得自己可能受到懲罰。」他說，「你要待你的直屬員工如合作夥伴一般，而非下屬。合作夥伴才能和你一起討論困難的議題，一起想出最好的解決方案。我會定期和他們談話，當我問他們『發生什麼事了？』的時候，我不會急著要他們說完。我會採取顧問和教練的態度，而不是裁判。」

領導人不該根據表象來判斷組織傳遞出來的訊號，而是需要發展出策略，回答每一位高階主管都必須要自己回答的問題：**你要如何理解這個組織真正的本質與動態？員工在這裡工作時的感受如何？**凱文指出：「如果你僅憑四處走動時、看見人們愉快的表情，便告訴自己：『哇，每個人看起來都很開心。』那你根本沒有在傾聽。因爲，若你的生態系統設計得當，你肯定能得知更多隱情。」

唯有當領導人認知到傾聽是一種需要承諾和持續關注的多面向練習，才能生存下去或茁壯成長。這也意謂「沒有消息就是好消息」這句陳腔濫調已被推翻；沒有消息就是壞消息，因爲遠方有問題正在萌生，但警訊尚未傳達到你這裡。

| 第六項試煉 |

你能應付危機嗎？

避免許多領導人曾犯下的可預測錯誤。

我們寫下這段文字時是二〇二〇年夏天，新冠肺炎危機依然嚴重威脅全球。在美國，每天的感染人數仍在創新高，世界各地的死亡人數還在持續攀升。科學家正在測試有潛力的疫苗，但人人都知道，至少要到二〇二一年，才可能找出能終結這場傳染疾病的應對方法。這是屬於我們這個時代的危機，堪與一九一八年的流感和經濟大蕭條並駕齊驅。這場危機引發我們對疫情結束後的新常態會是什麼模樣，提出無窮無盡的疑問。

遠端工作能沿用下去嗎？既然人們已經意識到相較於面對面，視訊會議也可以達到同樣的效能，且效率甚至更高，那麼我們能否結束長期出差的惱人生活模式呢？商用不動產的未來會如何？百貨業呢？高等教育呢？旅遊業呢？

「過去，多數操盤手都存在於幕後；這些操盤手都是可掌控的。只有寥寥幾個利害關係人才擁有話語權，領導人只需集中精力掌控他們的狀況就好。如今，一切事物都具有影響力，領導人必須關注的利害關係人也更多了。領導人需要有更靈巧的手腕才行。」

——喬治．巴雷特，嘉德諾健康集團前董事長暨執行長

這次危機對於許多高階主管來說，是一場意義深遠的新領導挑戰，對於那些在過去十二年間才擔任管理職位的人而言，尤其如此。自二〇〇八年金融危機發生以來的十二年，世界一直處於異常平穩的狀態。但是，我們很可能會在未來的十年間，再次遇到另一場足以顛覆世界的危機。或許，我們不該繼續使用「一生只會遇到一次」來形容這類危機事件，畢竟，如今我們已經在一生中遇過不只一次這樣的危機。二〇二〇年三月，當新冠肺炎在一夕之間從我們可以遠觀的新奇狀態變成迫在眉睫的威脅

時，我們無疑進入了VUCA的時代。VUCA是美國陸軍戰爭學院創造的縮寫，指的是波動性、不確定性、複雜性與模糊性（volatility, uncertainty, complexity, and ambiguity）。接下來還會發生什麼事？網路攻擊嗎？還是經年累月的氣候危機即將引爆？又或者是另一種致命的病毒？

如果不確定性是這個時代的新常態，那麼領導人就必須爲此做好準備，不只是爲新冠肺炎這種宛如隕石撞地球、會影響所有人的外部極端危機做準備，也必須爲日後漫長的職業生涯中、可能面對的一些特定危機做好準備，像是只會對他們的組織、部門或團隊帶來影響的危機。譬如，可能會有駭客揭露公司客戶的機密資料；可能會有軟體故障導致資安風險；可能會有工廠事故造成員工受傷，並導致重要生產線停擺。員工的一則推特文章，就可能演變成嚴重的社群媒體反彈，使組織的名譽受到損害。對所有領導人來說，需要擔心的事情只會愈來愈多，在工作與生活之間的界線逐漸模糊後，更是如此。如今的社會大眾開始期待企業應該要像政府一樣，爲社會撥亂反正。「企業所扮演的角色正在演化，我們將會需要不同種類的情報，並用更敏銳的方式覺察各種情勢。」嘉德諾健康集團（Cardinal Health）前執行長喬治・巴雷特（George Barrett）在談到執行長時說道。然而，這個道理也適用於所有領導人身上。「這份工作需要你掌控多個操盤手。過去，多數操盤手都存在於幕後；這些操盤手都是可掌控的。只有寥寥幾個利害關係人才擁有話語權，領導人只需要集中精力掌控他們的狀況就好。如今，一切事物都具有影響力，領導人必須關注的利害關係人也更多了。領導人需要有更靈巧的手腕才行。」

相較於我們在先前的章節中描述的試煉，領導組織度過危機可以算是最終試煉。如果你已經發展出一個簡單計畫、培養出強健的文化、建立了目標一致的團隊，並且爲了確保你能聽見重要訊號而打造了傾聽的生態系統，那麼你撐過下一次危機的機率將大大提高。在你身陷危機時，其實不太適合投注心力在這些基礎建設工作上。因爲當你身處巨大壓力之下，就很難在情緒緊繃的狀態下清楚地思考；你必須依靠肌肉記憶來度過危機。作爲團隊的領導人，你的團隊會期望你保持冷靜、自信與可靠，而這些特質是裝不出來的。雖然你可能是因爲從上次的危機中倖存下來，才學到這些痛苦的教訓，但只要藉由觀察危機的可預測模式，並根據他人的經驗來判斷該做與不該做的事，你也能學會這些教訓。

我們的目標是提供一本教戰手冊，讓你放慢腳步來分析戰局，幫助你理解不同挑戰的態勢，並找出最有可能成功的領導方式。對領導人而言，危機所帶來的特定挑戰是你必須在許多事物（包括你自己與組織的名譽）岌岌可危時，在充滿極端的不可預測性與壓力的狀況下，建構出一些可預測性。我們可以把危機分爲兩大類，這兩種危機擁有截然不同的特性——第一類是新冠肺炎這種外部動盪，第二類則是來自組織內部的重大問題——我們將分別檢視這兩類危機，並分享那些挺過各種危機的領導人所習得的經驗教訓。有鑑於新冠肺炎是目前最新且最迫切的案例研究，所以就讓我們從新冠肺炎開始，接著再來討論該如何處理公司內部的危機。

※

關於新冠肺炎危機，尚有太多未知數——這場危機會奪走多少性命、我們何時會研發出疫苗、經濟最終會遭受多嚴重的損傷、疫情結束後的世界會有什麼變化。我們唯一能確定的是，通往未來的路不會一帆風順，而且每個組織與每個產業未來要走的路都會有所差異。這些攸關存亡的問題，將會永久改變我們的生活方式，因此，對許多領導人來說，這是一場極度艱難的危機。爲了保護組織的存續，如今領導人也必須開始擔心，被迫居家上班的員工們的心理健康狀態。他們要在什麼時間點開始讓員工回到辦公室？他們要如何確保在辦公室上班的安全性？如果員工不願意回到辦公室該怎麼辦？和新冠肺炎的危機比起來，二〇〇八年的金融危機似乎單純多了，當時的領導人需要關心的只有兩個首要問題：這個金融破口有多深？我們要花多久時間，才能從破口裡爬出來？

儘管新冠肺炎爲全球帶來了各種不確定性與大範圍的深切痛苦，然而，相較於你們組織可能會遭遇的其他危機，這場全球性傳染病帶來的領導挑戰其實很直接。畢竟，這個世界上的每個人都正飽受新冠肺炎的威脅，因此，人民會放大檢視政治人物與衛生部門官員的作爲與不作爲，鮮少會去責怪多數組織的領導人。全球經濟因爲新冠肺炎而陷入停滯，人們不會認爲公司的財務緊縮是因爲領導人的錯誤決策，或是在產品與服務上押錯賭注。新冠肺炎與許多外部導致的危機一樣，容易讓人們認爲大家應該一起面對這件事，共同學習有關危機管理的經驗教訓。

在我們與許多領導人就這場危機進行的數十次談論中，有些關鍵主題一再出現。當下一個一生難得一遇的危機事件到來時，這些經驗將起到重要的作用，而那可能在未來的十年內就會發生。

露面並表現出人性的一面

令人驚訝的是，並不是每一位領導人都會在危機發生時露面，尤其是在不得不進行痛苦的成本刪減時（許多公司都在新冠肺炎的衝擊下被迫降低成本）。梅立克公司的執行長大衛・萊莫（David Reimer）過去曾在顧問公司德瑞克賓莫林（Drake

Beam Morin）工作了十幾年，該公司的主要業務是幫助企業進行重組與裁員。他指出，當危機發生時，多數領導人會隱身在陰影下。萊莫回憶道：

「在這種時期，對領導人來說，展現人性的一面是很重要的。」

——提姆・萊恩，普華永道美國董事長暨資深合夥人

他們在宣告公司即將重組後，就會從公司內部的聚光燈下消失一段時間。有一些執行長會定期在公司的全員大會中向員工傳達目前的狀況，但仍會和員工保持一定距離，尤其是在宣布裁員之後。還有另一些執行長，則是會實際確認被裁員的員工狀況如何。由此可見，即使你被裁員了，有些執行長仍會在某種程度上貫徹他們聲明的價值觀。留下來的某些員工會因此對公司抱持不同的看法，執行長的行爲會讓他們理解

到，就算他們不會終其一生都在這裡工作，但他們與執行長的心理契約期限，將會超越他們和組織之間的正式合約期限。

危機期間，領導人必須比平時更常露面，並透過言行與肢體語言來奠定公司的氛圍。即便是在比較穩定的時期，員工也總是會「過度解讀」領導人，也就是說，員工會觀察領導人每一次皺眉、彎腰駝背或偶爾的評論，藉此揣測背後暗藏的意涵。但領導人也可以利用員工這種詳細審視的行爲來傳達明確的訊號，讓員工知道公司在決定刪減成本時，非常清楚、也很感謝所有被遣散的員工在情感上與財務上的犧牲。

舉例來說，萬豪酒店集團（Marriott International）的執行長蘇安勵（Arne Sorenson）在二〇二〇年三月上傳了一支廣受好評的六分鐘影片，他在影片中眞情流露地提到公司正遭受巨大的損失（他解釋道，在今年剩餘的時間裡，他個人將不支薪工作，他的主管團隊也會減薪百分之五十）。他坦言，他知道主管團隊對於他透過影片傳達這則訊息感到擔憂，每個人都會在影片中看見他因爲治療胰臟癌而受到的影響，其中也包括他所謂的「新禿頭造型」，以及他因為體重減輕而變得過大的西裝。「我可以告訴你們，我從沒有經歷過比現在更艱難的時刻。」蘇安勵以明顯的哽咽語調對著鏡頭說。「最糟糕的莫過於你必須告訴那些極為傑出的同事──他們是公司的核心──他們的工作如今因為公司無法控制的事件而受到衝擊。」1

員工希望跟隨有自信的領導人，但他們同時也希望領導人顯露出人性的一面。在新冠肺炎爆發後不久，普華永道的美國董事長暨資深合夥人提姆．萊恩（Tim Ryan）在每週一次的網路廣播上，告訴數萬名普華永道的員工，他的家庭（他們家有六個孩子）在上週五晚上經歷了「暴怒時刻」。在隔離期間，每個人都必須承受新的壓力與限制，每個人都想知道其他人是不是過得比較好。「在這種時期，對領導人來說，展現人性的一面是很重要的，讓員工們知道執行長並不是超人。」萊恩說，「分享，具有治療人心的效果；讓員工們知道『不是只有我這麼慘』，也同樣具有療效。我後來收到大約三百封郵件，都是和我分享他們近期經歷的暴怒時刻。」

妥善利用急迫性

想像一下，如果在新冠肺炎爆發的幾個月前，一家跨國企業的領導團隊中有人提出這個問題：「要怎麼做，才能讓公司的每個人都可以在家工作？」領導團隊可能會對這個不切實際的想法嗤之以鼻，即使團隊眞的願意仔細研究這個構想，最後的結果也很可能會是這樣：領導團隊會組成幾個委員小組，委員們則會提出他們擔心這種轉變會對技術、法律與人資帶來各種挑戰。經過十八個月的討論後，委員小組會認定這個方法不可行。然而，當新冠肺炎促使人們別無選擇時，所有公司幾乎都在一夜之間找出方法，讓辦公室裡所有員工都改爲居家上班。

企業一般認爲難以克服的各種核心商業技巧，在遇上危機時，都會變得更容易克服，像是排定優先事項、決策速度與創新等。阿利亞自然語言生成（Arria NLG）公司是一家專營將資料轉換爲自然語言的人工智慧公司，該公司的執行長雪倫・丹尼爾斯（Sharon Daniels）說，在新冠肺炎爆發後，爲了協助所有人排定優先事項，她會在每天的團隊會議開始時，先提出一個簡單的問題：「我們今天要聚焦在什麼事情上？」她補充道，「在危機爆發的第一週，我告訴他們：『我們不會同時處理所有事情。我們要把焦點放在眞正能產生效果的地方，就算有一些項目因此退居次要地位，也沒關係。』後來，每個項目都在持續前進，而且這種方式能減輕員工的精神壓力。」

琵維諾公司的帕特·瓦鐸斯說，在危機爆發後，她發現維持「完美的不完美」能讓公司更敏捷、更自由。他們可以在一到兩週內，將創新的構想轉變成可執行的計畫。他們會迅速地推動計畫進入市場，再根據顧客的回饋進行改善。事實上，商業本該如此運作，只是過去通常並非如此罷了。「我們全都因爲疫情而陷入尷尬的失衡狀態，人們彼此諒解的程度因此達到全新的高度。」她說，「我們不再那麼擔心產品的完美度了。」

只要給一群主管足夠的時間，他們一定可以爲了**不做某件事**，輕而易舉地列出一串冗長的理由清單。但在遇到危機時，他們沒有那麼多時間可思考，只有馬上行動的急迫感。對許多企業來說，最重要的問題變成——從這場危機脫身後，我們該如何繼續堅持現在的商業模式？

接納不確定性

身爲領導人，你要如何在看清現實有多嚴峻的同時，還能表現得自信滿滿並激勵人心？你要如何在理解並接受員工在情緒上有其極限的同時，要求他們善盡職責？這一切都要從信任的基礎開始。員工必須知道你提供的是準確的資訊，這些資訊包括了你知道的事與你不知道的事。人們的直覺很敏銳，只要稍有不對勁，就能立刻察覺到。因此，領導人應該要有能力在任何時刻找出合適的激勵方法。

遊戲軟體公司聯合科技（Unity Technologies）的執行長約翰・里奇泰羅（John Riccitiello）說：

這是一種很奇妙的平衡。一方面，我希望員工把健康與家庭放在第一位。我要求每個人對自己的團隊成員多一點寬容。有些員工可能是單親父母，家裡的三個孩子本該去學校的，現在只能在家搗亂。他們的日子會很辛苦，所以我希望公司能爲他們騰出一些空間。我們也要爲那些工作成果不如從前的人騰出一些空間。另一方面，我們的每位員工把大部分的淨資產都拿來買公司的股票了；所以他們需要知道公司是否依然穩固、他們能否在疫情期間保住這份絕佳的工作，以及他們能否在疫情過後仍然擁有這份絕佳的工作。但是，他們也需要看見公司有哪些瑕疵。

許多高階主管都表示，如今在徵才時，他們最重視的技能已經變成「接納不確定性」的能力。現在最重要的問題，不再是領導人能否在遇到危機時、採制式方法領導團隊，而是他們能否在當下做出最適切的立即反應；這憑藉的是領導的勇氣與直覺。

芭芭拉・庫利（Barbara Khouri）是資深領導人，曾經帶領她的企業經歷過六次轉型，她指出：

在上一分鐘，你必須鎮定地幫助每個人冷靜下來，但到了下一分鐘，你必須情緒激昂地鼓勵所有人。在上一分鐘，你必須授權給員工，讓他們自行發揮創意與嘗試事物，但到了下一分鐘，你必須設立規範，告訴他們：「我們之後要這麼做，每個人都得要克盡己職。」你需要清楚知道何時該笑、何時該嚴肅以對。在轉型時，你必須花更多時間排定優先事項、和其他人建立更多連結、展露出更有人性的一面、更願意信任他人、更常溝通、更清晰明確、更頻繁地分享各種資訊，也更願意與眾人一同奮戰。不過，你同時也會變得比較不需要保持完美，也比較不需要在決策之前蒐齊所有數據。

重新想像你的組織

危機能開創出罕見的機會，讓你重新思考你對組織長久以來的假設。過去你以爲絕對不可能執行的計畫，如今卻突然被端上檯面討論。潘．菲爾茲（Pam Fields）曾受僱於十多家公司，協助帶領他們扭轉局面，她說危機能爲領導團隊創造罕見的機會，讓團隊省思許多問題：如果我們今天要從頭開始創立這家公司，我們會改變哪些事？等到這場危機結束，一年後，我們想要達到什麼目標？三年後呢？我們需要哪些資源，才能達到這些目標？哪些事物會削弱我們的動能，阻止我們達到這些目標？菲爾茲說：

一旦你確立了基本架構，想要提出與回答這些艱難的問題，就會變得比較簡單。舉例來說，或許你希望公司能減少對零售商的依賴，轉而更直接面對消費者。接著，你便能開始向員工們解釋這個計畫。你可以說：「這是我們現在所在的位置；之後，我們希望能抵達那裡；而這些，正是我們用以抵達目的地的方法；爲此，我們需要這些資源。」無論公司是否處於危機之中，這種四段式基本架構，都能幫助員工理解下一步要做什麼。

「你認為危機結束後的新常態會是什麼模樣？假使你要以這個新常態為基礎來重新建立公司，你會如何重新構思？」

——潘・菲爾茲，梅立克公司高階主管導師

我們這些曾經歷過金融危機或其他市場動盪的人都知道，這些危機終究會有結束的一天，新的常態終將出現。所以，我們該問的問題是：你認爲危機結束後的新常態會是什麼模樣？假使你要以這個新常態爲基礎來重新建立公司，你會如何重新構思？

在遭遇新冠肺炎這類危機時，很多人都會因爲先前制定好的計畫被打亂而不知所措，甚至感到失落，這樣的情緒是可以理解的，也是非常人性化的。二〇二〇年三月二十三日，史考特・貝里納托（Scott Berinato）在《哈佛商業評論》的網站hbr.org上發表了一篇文章，標題是〈你感受到的那份難受，其實是悲傷〉（That Discomfort You're Feeling Is Grief），這篇文章是該雜誌成立以來、點閱數最高的線上文章。領導人面對的挑戰，是把他們自己與組織的焦點從「我們原本可以怎麼做，但現在全毀了」轉移到「我們現在可以怎麼做」。眞正定義成功企業家與傑出領導人的是心態。如果你能在想像與眞實之間取得適當的平衡，那麼**一切都可以是機會**。有時你必須提醒員工這一點。艾拉科技的阿南德・錢德拉塞卡，總是用羅傑・班尼斯特（Roger Bannister）如何成爲第一個在四分鐘內跑完一英里的人的故事來提醒員工；我們很難找到其他更適合的故事了。雖然有些人會過度使用體育運動作爲企業的類比，但班尼斯特的故事是個相當有說服力的具體案例，它讓我們看見，人們會如何限制自己對可能性的想像；在他們感覺四面楚歌時，尤其容易如此。錢德拉塞卡說：

> 過去一百多年來，人們堅信人類跑步的速度不可能快到足以在四分鐘內跑完一英里。甚至連醫學期刊都指出跑者的心臟無法承受如此的壓力，這是人體無法跨越的極限。班尼斯特接受了這項挑戰，和他同時接受挑戰的還有美國人魏斯・桑提（Wes Santee）與澳洲人約翰・蘭迪（John Landy）。班尼斯特終於在一九五四年打破了

這項紀錄，而這個故事的亮點在於：在那之後的幾年裡，有更多的人接連打破了四分鐘內跑完一英里的紀錄。

「身為主管與領導人，我們的工作是以可行的事物為核心，樹立『我能成功』的信念，讓所有人都能聚焦在信念上。這就是人類這種生物賴以生存的基礎，我們其實是靠著希望存活下來的。」

——阿南德．錢德拉塞卡，艾拉科技創辦人暨執行長

我認爲這個例子完美呈現了一件事：阻礙人們前進的不是能力，而是信念。人類並非因爲能力不足而無法在四分鐘內跑完一英里，而是因爲無法想像自己做得到。在充滿不確定性的時期，缺乏想像力與信念會阻礙我們前進。身爲主管與領導人，我們

的工作是以可行的事物為核心，樹立「我能成功」的信念，讓所有人都能聚焦在信念上。這就是人類這種生物賴以生存的基礎，我們其實是靠著希望存活下來的。

※

在遇上新冠肺炎這類危機時，堪稱慰藉的是領導人至少不是獨自面對這一切。問題並非由領導人所造成，人們基本上會願意相信領導人已盡全力在設法帶領組織度過難關。雖然企業的財務狀況與員工的健康安危確實遭受到真正的風險，但這種風險並非由領導者的個人疏失所導致。

然而，公司的內部危機則截然不同。當危機在領導人所率領的組織、部門、處室或團隊中爆發時，集中在領導人身上的關注會更加嚴厲、更不寬容。這種時候，你會感到孤立無援，而你的名譽和工作、甚至整個職涯都將危在旦夕。內部危機發生時，你不會得到你在新冠肺炎或全球金融危機期間所能得到的基本信任。相反地，人們很可能打從一開始就認定你有罪，而且幾乎沒有耐心聽你詳細解釋。人們批判你的方式或許一點也不公平，他們會毫無根據地替你的行爲強冠上動機。你會感到時間被壓縮，導致你的選擇與行動自由都受到限制。這個內部問題可能來自你尚未徹底理解的源頭，而你需要時間來了解狀況。這些企業危機不斷以驚人的規律出現，例如富國銀行（Wells Fargo）的數千名員工在客戶未授權的狀況下，以客戶的名義開立帳戶並申請信用卡；波音公司的737 MAX客機，因安全缺陷所導致的致死空難事故；二〇一〇年深水地平線（Deepwater Horizon）爆炸所造成的墨西哥灣漏油事件。每當有一則醜聞引來媒體連續數個月的高度關注，就有更多數不清的、鮮爲人知的組織內部危機發生，這些危機全都具有相同後果，會使得領導人感覺自己像是坐在審訊室裡，受到質問與拍桌的疲勞轟炸，被迫迅速交出答案。

在內部危機剛浮現的時候，大多數領導人會在處理危機時，犯下一個最常見、也最令人遺憾的錯誤。他們會說出一些自己並不懂的事，而他們之所以這麼做，通常是因爲想將危機的嚴重程度壓到最低。深水地平線鑽油平臺是英國石油（British Petroleum，簡稱BP）向泛洋鑽探設備公司（Transocean）租借的設備，在該鑽油平臺爆炸事件導致十一名工人喪生後，英國石油的執行長東尼・海沃德（Tony Hayward）起初試圖在他們公司與這場災難之間劃清界線。「這起意外不是我們造成的。」海沃德在爆炸事件兩週後說，「這不是我們的鑽油平臺。這是泛洋公司的鑽油平臺。是他們的系統，他們的人員，他們的設備。」十一天後，每日從海底噴濺出來的漏油量已達到數萬桶之多，這時，海沃德說：「墨西哥灣是一座非常大的海洋。與總水量相較之下，這些漏油量和我們打入海中的化油劑，根本是微乎其微。」從這個鑽油平臺中漏出的石油總共多達五百萬加侖左右，使得這個事件成為全世界最大的意外漏油事件。

四天後，海沃德說：「我覺得這場災難對環境帶來的影響可能非常、非常小。」他之後又失言了許多次，因而加速了他的離職，其中包括他在某次訪問中說的那些話：「我們很遺憾這起事件對他們的生命造成重大損失。我比任何人都更希望這個事件能盡快落幕。我真的很希望回到我原本的生活。」[2]

然而，這類的危機能為像湯姆・史崔克蘭（Tom Strickland）這樣的人物創造穩定的工作。史崔克蘭注意到，在他擔任律師、政治人物與政府官員的長期職業生涯中，他遇到著名危機的次數多到令人驚嘆。

舉例來說，當深水地平線危機發生時，他是美國內政部長肯・薩拉查（Ken Salazar）的幕僚長。史崔克蘭在職涯早期、即將就任科羅拉多州的美國檢察官時，科倫拜高中（Columbine High School）發生了槍擊事件，高年級學生艾瑞克・哈里斯（Eric Harris）與狄倫・克萊伯德（Dylan Klebold）槍殺了十二名學生與一名教師。因此，史崔克蘭就任的第一天就在犯罪現場度過，在數百名記者面前，與柯林頓政府的司法部長珍妮特・雷諾（Janet Reno）一起舉行記者會。

「領導人在面對危機時會犯下的最大錯誤，就是說出一些他們自己並不懂的事。」

——湯姆・史崔克蘭，威莫海爾律師事務所合夥人史崔克蘭在職業生涯中，曾接受聯合健康集團（UnitedHealth）的聘用，以法律總顧問的身分，幫助公司處理股票期權回溯醜聞，也曾擔任其他著名危機的顧問，包括：Theranos的血液檢測技術遭到嚴重質疑後的內爆事件；目標百貨公司（Target）在爆發數據洩漏事件後，先是宣稱受影響的顧客有四千萬名，而後又把數字上調到一億一千萬名之多；科羅拉多大學（University of Colorado）被指控利用性與酒精來招募高中運動員；范德比大學（Vanderbilt University）的四名橄欖球員性侵害一名女學生的案件。現在，他是威莫海爾（WilmerHale）律師事務所的律師，絕大多數時間裡，他都在爲董事會成員與高階主管提供如何處理危機的建議。他從這些人遇到危機時的回應中，看見清晰的模式。他說：「我很驚訝，因爲他們總是一次又一次地犯下同樣的錯誤。」

他最常遇到的問題是否認。領導人總是難以相信這些事情會發生在他們的管轄之下，因此，他們會爲了保全自己與公司而團結起來、一致對外。接著，他們會一廂情願地認爲這個問題沒什麼大不了。但凡這種時候，只要一句失言，你就會浪費掉此時最寶貴的資源——你的信譽；一旦你失去信譽，幾乎就無法挽回了。「人類的天性就是非常不喜歡道歉或承擔責任。」史崔克蘭說，「這就是對知與不知保持謙卑的重要性。領導人在面對危機時會犯下的最大錯誤，就是說出一些他們自己並不懂的事。」

「面對現實就像去看醫師一樣，即使你不想聽到醫師宣布壞消息，但要是不知道身體出了什麼問題，將會帶來更糟的後果。」

——湯姆．史崔克蘭，威莫海爾律師事務所合夥人

從事情發生開始，領導人的當務之急是承擔起徹查問題的責任，以坦誠的態度和組織的關鍵成員進行溝通，亦即顧客、監管機關、員工、董事會與媒體，並承諾他們會採取行動，包括釐清責任歸屬，以及確保不會再次發生類似的危機。史崔克蘭時常

建議那些遇到危機的領導人接受事實：「無論先前發生了什麼事，都已是既成事實。我們接下來該做的事是釐清眞相，如今你能控制的，只有應對這些事實的方式。雖然事實可能會令你感到不舒服，但你必須面對。面對現實就像去看醫師一樣，即使你不想聽到醫師宣布壞消息，但要是不知道身體出了什麼問題，將會帶來更糟的後果。」

※

在上一章中，我們分享了凱文的故事，他在安進藥品遇到依普定藥物危機後，意識到自己必須成爲一名更好的傾聽者，以及他爲了更有效地聆聽遠方的警訊所採取的步驟。進一步檢視之後，我們會發現這個事件很適合作爲研究危機管理（與一開始管理不當）的案例，其中許多發展都印證了史崔克蘭的說法。

剛遇到危機時，凱文也陷入了許多領導人曾陷入的陷阱中：否認。二〇〇七年是凱文擔任執行長的第七年，安進藥品的發展可說是一帆風順。安進藥品在當時是首屈一指的生技公司，總市值剛剛超過一千億美元，被《富比士》雜誌評爲「年度最佳公司」，凱文也因此登上《富比士》雜誌封面。「我當時覺得自己和公司都做得很不錯。」他說。依普定是安進藥品成功的一大主因，這種藥物主要用於進行血液透析的患者。依普定是以基因工程製造出來的紅血球生成素，在人體中，紅血球生成素是由腎臟製造的一種醣蛋白激素，能刺激骨髓製造可攜帶氧氣的紅血球細胞。依普定早在十五年前就已獲得核准上市，也已經有數百萬名患者使用過，爲安進藥品帶來數十億美元的收入，公司有很大一部分的利潤都來自於此。由於安進藥品十分成功，因此受到許多監管機構的審查與競爭對手的批評，但凱文只將其視爲預料之中的背景雜音，他稱這些言論爲「來自旁人的閒言碎語」。

然而，到了二〇〇七年初，那些閒言碎語逐漸變得像是警訊。在食藥局舉辦的一場公聽會上，一名審核員指稱安進藥品沒有實踐九年前的承諾，對依普定進行一系列的特定追蹤測試。《紐約時報》在頭版刊登了一篇關於安進藥品販售兩種藥物的定價結構報導，這兩種藥物分別是依普定與另一種專供癌症患者使用的類似藥物「安然愛斯普」（Aranesp），報導指出，安進藥品提供高額報酬給開立這兩種藥物的醫師。食藥局則引用了一位丹麥科學家針對高劑量依普定的副作用所進行的新研究，要求安進藥品在藥物包裝上增加警告標語。社會大眾對安進藥品的描述隨即出現了巨大的轉變，《紐約時報》在另一篇報導開宗明義地評價道：「直到不久前，安進藥品還被視爲蓬勃發展的生技產業中的領頭羊之一。而今，一些分析師對此表示懷疑，並將安進藥品比喻爲體型臃腫、步履蹣跚的製藥產業巨頭，指稱安進藥品太過依賴老化的產品組合。安進藥品經歷了一連串的挫折，有些是預料之外，有些則是他們自己招致的。安進藥品自成立以來，已經歷了風光的二十七個年頭，這是他們有史以來遇到的最大挑戰。」3

彼時，安進藥品的可信度與產品都陷入了危機，可能會損失數十億美元的營收與利潤，公司再也不能用否認來逃避事實了，而凱文也必須放下過度的防禦心態。他向董事會成員進行了完整的簡報，也成立一個專案小組協助公司重獲話語權。「我們必須採取行動。」他對專案小組說，「雖然安進藥品是一家以科學爲基礎的公司，但這個世界的反應往往是缺乏科學基礎的。」

儘管他已經用相當篤定的態度告訴專案小組，公司如今正處於危機之中，但並不是團隊中的每位成員都同意他的觀點。反對者認爲，媒體上的嚴厲報導很快就會變成舊聞，丹麥那份研究報告中，所使用的藥物劑量高到不切實際，而食藥局不過是在虛張聲勢而已。安進藥品的科學家則認爲社會大眾的審查對他們是一種侮辱，堅稱那些人是出於政治因素，才會扭曲了科學語言。公司內部開始互相指責，科學家與銷售人員互相怪罪對方應該爲這個問題負責。

當時，是凱文職業生涯的最低點，他意識到自己必須爲安進藥品的問題負責，而且，他不能再將解決當前危機的工作委託給專案小組；他需要親自處理這個問題。「在頓悟的那一瞬間，我清楚意識到公司發生了什麼事，並告訴自己：『凱文，現在這個問題眞的很嚴重。過去這段時間，你並沒有好好處理這個問題，你一直在責怪他人，但眞正的核心問題其實出在你自己身上。你一直沒有在這個議題上投注足夠的關注力。你從未提出眞正的、艱難的、深入的問題，你只是一味地接收好消息。一直以來，你都不夠客觀。』」

凱文不再質疑現況，而是專注在解決方法上。儘管安進藥品可以舉出許多科學論據，指出食藥局的舉動是反應過度，但凱文意識到，他們不太可能改變監管機關的態度。從現在開始，公司必須全面配合食藥局。他接受了公司必然會因爲銷量下降而受到財務衝擊的事實，並親自會見公司最重要的幾位利害關係人，面對面討論了公司可能會受到的影響。他宣布了公司史上第一次的大規模裁員，並採取其他措施來降低安進藥品的成本結構。他召見了前線的員工——負責直接接洽食藥局的人員，以進一步了解公司與食藥局之間的緊張關係；營運部人員，以便推測公司未來的財務狀況；銷售人員，以聽取醫師的回饋。凱文對投資人與員工常說的一句口頭禪是：「這次事件結束後，我們將會更強大。」

安進藥品最大的改變，或許是他們決定要開始經營公司和食藥局之間的關係。他們成立了一個團隊，專門處理公司和監管機關之間的事務，並確保食藥局在打算指出任何問題或提出擔憂時，與公司能保有順暢的溝通管道。事後看來，安進藥品的問題可以一路追溯到他們在科學上的傲慢心態——他們自認不同於其他製藥公司，也自認比食藥局懂更多。「我們不再把監管機關視爲我們必須忍受的對象（像是車輛管理局）。我們做出改變，以確保我們每次和食藥局應對時，都抱持眞心尊重的心態。」凱文回憶道，「食藥局裡的人都是好人，他們的工作很辛苦，而且他們代表了美國人民。我們必須接受這個現實。」

※

引導我們度過危機的教戰手冊，其實算不上特別複雜，但當你處於危機之中，要實際應用就困難得多，這時，你很容易就會忘記你所學過的知識。你在這種時候所承受的壓力，就如同在一場暴風雨中駕駛一艘小船，爲了降低翻船的風險，你必須努力回想航海的基礎知識。遇上危機時，你幾乎沒有容錯空間。此外，要從早期錯誤所帶來的損害中復原，更是難上加難。凱文擔任顧問時，偶爾會有一些客戶因爲突然意識到自己身處暴風圈中，便向他尋求協助。凱文會提供五個重點建議作爲指引，這些建議很基本，如果你想要成功度過危機，就一定要好好理解這些建議：

• **認清事實**。在某些案例中，精確地找出危機的起因可能非常困難。有時候，你不但很難看清事實，甚至更難以理解事實。請和那些第一線的員工談話，而不是和他們的主管談話。和你的團隊一起討論，對於正在發生的事件與事發原因，盡早設立一套假設，並隨著事實逐漸浮現來修正假設。請抵抗強烈的否認情緒與一廂情願的妄想；把焦點放在你們已知與不知的事情上。

• **迅速反應**。哪些人會因爲危機而受到短期影響？哪些人會因爲危機而受到長期影響？你能採取哪些立即措施，以便緩解危機帶來的影響或照顧那些受到影響的人？你需要立刻向哪些人進行簡報？你需要出現在危機發生的現場嗎？你的現身能帶來幫助嗎？請設法了解社群媒體與其他平臺對公司危機的描述。

• **廣泛溝通**。準確性很重要，永遠不要說出你不知道是否爲眞的事。請對你當下所了解的狀況保持謙虛與開放的態度，並承諾你會持續追蹤，在眞相逐漸浮現的同時，把眞相分享出去。請和你的團隊、公司中的更多成員與董事會，一起建立對危機的共識。請聯絡關鍵利益相關者，包括股東、監管機關與客戶。

• **解決問題的根本成因**。一旦你成功控制住危機帶來的立即影響之後，就是時候聚焦於造成危機的潛在問題上。造成危機的往往不是單一事件或單一錯誤，而是公司文化對事物的著重點出了問題，最後導致一連串失誤或後果。請仔細審查目前的管理流程，藉此清楚了解你們組織鼓勵、容忍和不容忍的事物，並做出任何必要的改變。當你知道未來不太可能重演相同的危機時，晚上才能睡得安穩。

• **保持冷靜，展現自信**。你可能會覺得你遇到的危機像是在對你的信譽做直接攻擊，並否認你在危機發生之前所做出的一切貢獻。你會覺得自己彷彿被押進一個沒有窗戶的小房間，你的老闆和關鍵利害關係人都在逼你給個交代，並不斷質疑你說出的每一個字。你可能會向外尋求援助，然後你會聽到各種矛盾的意見，加劇了你的孤獨感。但你必須保持冷靜，聚焦於事實，以自信而謙虛的態度繼續前進。

危機是針對領導能力的殘酷試煉，許多領導人都無法倖存。組織中的任何弱點都會在危機中暴露出來，並不斷放大。你掌控危機的能力，其實直接取決於你在危機發生之前的領導方式，也來自於你如何建立你身爲可靠領導人的信譽。危機必定會損害、甚至毀掉他人對你的信任，但是，別忘了，如果你能用正確的方式應對這場危機，你和組織將會在度過危機之後變得更強大。

| 第七項試煉 |

你能修得領導者的心理素質嗎？

你必須掌握互相矛盾的需求與挑戰。

飯店業的資深執行長妮琪・利昂達基斯（Niki Leondakis）自大學起就開始擔任管理職，她在麻薩諸塞州大學（University of Massachusetts）附近的餐廳「飢餓的你」（Hungry U）工作，從服務生一路晉升爲領班。她很認眞看待這份工作，但在這份工作與她大學畢業後的第一份管理職工作上，她犯了許多年輕領導人常犯的錯誤：她對部屬太過友善。她不得不學著劃清主管和團隊之間的適當界線，並保持必要距離。「我認爲人可以分成兩大類。」她說，「極少數的人會在第一次成爲主管或老闆時，就清楚知道理想的平衡點在哪裡。我自己和我遇到的年輕主管則是另一類人，我們會先在鐘擺的兩個極端之間來回擺盪——一端是過度使用權力，另一端則是『我是每個人的好友，我希望他們喜歡我，如果他們喜歡我，或許他們就會執行我要求的工作，這樣事情會更容易進行』。」

隨著她在職涯中一路升職，她注意到，許多男性主管使用的是較爲嚴格且威權的管理方式，她認爲成功的領導人應該就是這個樣子，所以也採用了這種模式。「那是八〇年代初期。」她回憶道，「對當時的女性來說，我們都覺得如果想要成功或被平等對待，就必須穿得像個男人、表現得像個男人，還必須確保其他人知道你意志堅強、個性果決，能夠做出艱難的決定。」但後來，她在某個時刻意識到，自己已經到達鐘擺中太過極端的位置了。她必須訓斥團隊裡某位她既喜歡又欣賞的團員，而她的上司看出了她正在掙扎著該如何開口。他的建議是：表現出眞正的妳，以同理心和對方協調這件事。

「我花了整整十年才找到真正屬於我的管理之道，並學會忠於自己的價值觀。」

——妮琪．利昂達基斯，核心力量瑜伽（CorePower Yoga）執行長

「我在那一刻頓悟了。」利昂達基斯說，「我一直覺得自己應該要展現出個性果決、能夠做出艱難決定的人格特質，也總是認爲擁有這些特質就代表我不能展現出同理心。一直以來，我都以爲同理心和責任感這兩種特質是無法並存的，也無法互相平衡。但從頓悟的那一刻起，我開始意識到，我其實可以找到平衡點，在嚴厲的同時表現出眞正的自己，在同理他人的同時要求他們負起責任；這些行爲並不互相排斥。現在回過頭去看，我花了整整十年才找到眞正屬於我的管理之道，並學會忠於自己的價值觀。」

※

一旦你決定要挑戰自己、成爲高效能領導人，就代表你將要依循我們在前幾章提到的「長而陡峭的學習曲線」前進——學習如何制定並傳達簡單計畫、打造企業文化與高績效團隊、推動改變、營造出適於傾聽的環境，以及管理危機。透過我們自己的親身經驗、對資深主管的指導與對上百位領導人的訪談，我們理解到，這些測試正是許多領導人成功或失敗的關鍵原因。因此，本書的焦點一直都放在領導人要**怎麼做**才能達到高效能的目標。現在，我們進入本書的最末章，把焦點轉移到領導人的心理素質與領導人該如何**表現**。只要你能順利釐清這一點，並找到利昂達基斯和其他領導人所描述的那個無形的平衡點，你將能更有效率地應對先前提到的每一項挑戰。若你無法順利釐清這一點，你不一定會因此失去領導人的職務，只不過你在工作時，必須付出較高的心理代價與生理代價，並波及到你人生中的其他層面。

事實上，領導是極為困難的事，只是許多人都不願意承認，也有些人只願意對朋友、家人和信任的人承認這一點。在領導標準不斷改變的狀況下，我們可以理解有些人會堅持同一套方法，他們會告訴自己，他們已經發展出自己的領導風格，而其他人必須配合這套風格。然而，只要是在領導的位置上使用「每個人都必須聽我的話」這種蠻橫領導風格的人，都會馬上因為這個世界沒有順著他們的意而感到挫敗。他們會因為不確定性所帶來的不安全感與領導力的矛盾特質，開始採用更強硬的行事作風，最後因為不傾聽、不關心，又總是對不順他們意的人發脾氣，而成為每個人都痛恨的糟糕主管。雖然他們的方法或許能在特定情況下生效，但在大多數時候是不管用的，他們很快就會失去絕大部分的傑出下屬。

「最讓我印象深刻的那些執行長，看起來不會像是在包裝自己。他們會散發出一種寧靜的、充滿自覺的氛圍，像是在說：『我知道我是誰。』」

——詹姆斯．海克特，福特汽車公司前總裁暨執行長

不過，還有另一種領導人似乎總能保持超乎尋常的洞察力、冷靜與自信，這並非因爲他們覺得自己知道所有的答案；他們通常是最先承認自己不知道所有答案的人。當這些領導人在描述自己的領導方法與他們學到的關鍵教訓時，很明顯地，他們與利昂達基斯一樣，花了很多年的時間，使用各種方法才找到平衡點，克服了領導力的核

心挑戰，終至明白他們身爲一名領導者的意義何在。

詹姆斯．海克特（James Hackett）在三十九歲時就接任了辦公家具公司世楷（Steelcase）的執行長，他在近乎二十年的執行長生涯中學到一個重要的教訓。這段期間，他扭轉了企業文化，而且很早就洞察到工作環境從封閉隔間轉變爲開放空間的趨勢，因此廣受讚譽。他在成爲執行長不久後，認識了當時的萬豪酒店集團執行長比爾．馬瑞歐（Bill Marriott），馬瑞歐在萬豪酒店擔任執行長總共長達四十年之久。海克特後來在福特汽車公司（Ford Motor Company）擔任了三年的執行長，他回憶道：

我還記得我在和他討論策略時，被他說話時的眼神給擊中了。我在那一刻意識到，他清楚知道自己是誰。我想要擁有那種領導人特質，我想要非常清楚地知道我是誰、我的立場是什麼。在回程的飛機上，我望著窗外沉思。過去六、七個月來，我一直都在努力設法釐清這個面向的身分認同。執行長看起來該是什麼樣子？擔任執行長該有什麼感覺？什麼樣的人才是成爲執行長的料子？在我凝視比爾．馬瑞歐的雙眼時，我明白了——你必須成爲你自己。由於我們公司從事的業務是販售辦公家具，所以在那次的討論後，我幾乎拜會了每一間大公司的執行長。最讓我印象深刻的那些執行長，看起來不會像是在包裝自己。他們會散發出一種寧靜的、充滿自覺的氛圍，像是在說：「我知道我是誰。」

※

我們要花費多少精力與時間，才能達到那種程度的自在與自我覺察？要達成這個目標的話，經驗自然是最佳導師。但本書的目標，是和你分享數百位領導人歷盡千辛萬苦、得來不易的教訓與觀點，如此，你才能在循著領導力學習曲線前進的過程中，比起獨力前進來得更快，也能抵達更遠的地方。在精通領導者內在的修煉之前，我們的首要框架是，全心接納領導就是一連串的悖論。

我們先前已提過一些心理矛盾了，接下來，我們要討論身爲領導人的其他矛盾之處。若你想要理解爲什麼會在領導相關的領域中找到一大堆引發爭議的建議，首先，你要做的第一步就是理解這件事：領導就是一系列的矛盾行爲。每找到一位專家建議你「在前線領導團隊」，就一定能找到另一位專家堅持最好的領導方法是「在幕後領導團隊」。有些專家指出信心是領導的關鍵——「永遠不要讓員工看到你慌亂的樣子」——但你也必須在必要時表現出脆弱。許多人認爲，在剛接下領導職位時，你要迅速做出決策，以展現你的迫切感與影響力；但有些人則建議你要先耐住性子，才能傾聽並確實理解問題的根源。正如我們之前提到的，眞正會爲領導人帶來危害的，是盲目地用同一套方法應對所有問題。我們要理解的是，領導之所以會那麼棘手，就是因爲領導是矛盾的統合。我到底該這麼做，還是那麼做？答案往往兩者皆是。我們該走這條路還是那條路，其實取決於當下情況的細微差異。無論你是要向前推進或是按兵不動，要提出苛刻要求或表示諒解，要展現強烈的樂觀態度或承認你們正面臨嚴峻挑戰——每次的一對一互動和團隊會議，都需要你依據當下狀況採取最適切的方法。就某種層面上來說，這種決策時刻就像在滑雪——你必須知道平衡點的位置，並順應環境與地形的改變，不斷調整身軀的傾斜度，往不同的方向行進。

我們可以用薩蒂亞．納德拉在二〇一四年初接任微軟執行長時，爲了達到平衡所採取的措施作爲範例。他在公司裡工作了二十二年後，受命成爲推動改變的執行長。董事會需要他徹底破除舊習，尤其是過往扼殺各種動能、使得微軟進步緩慢又視野狹隘的企業文化，這種狀態拖累了微軟過去十多年來的股價表現。然而，在他提出公司需要一個嶄新開始的同時，董事會成員也包括了前兩任的微軟執行長——比爾．蓋茲（Bill Gates）與史帝夫．巴爾默（Steve Ballmer），在他們兩位領導的時期，也間接創造出一些納德拉必須解決的問題。納德拉能在尊重過去的情況下，同時提出需要激烈變革的理由嗎？

事實證明，納德拉具有巧妙應對這種難關的手腕。他當著蓋茲與巴爾默的面，在第一次全體員工會議上初次發言時，就傳遞了一個非常重要的訊息：「我們的產業尊重的不是傳統，而是創新。」[1]爲了善用公司累積的創新能力，納德拉請求蓋茲花更長的時間擔任技術顧問作爲協助。「比爾擁有一項專屬絕技，就是讓所有員工都精力充沛地拿出最佳表現。」納德拉在接任執行長的第一個月時，如此說道。微軟從那時開始，穩定地朝一兆美元的公司估值邁進，股價也從原本的每股三十八美元上漲到兩百美元（至我們撰寫本文時）。納德拉是「成功執行長」這個小型俱樂部中的一員（迪士尼前執行長羅伯特．艾格也是成員之一），他展現了如何兼顧公司內部人員與改革推動者的身分。

我們已經在前幾章中提到一些領導的悖論，其中包括你必須爲了替明天做好準備、而刻意顚覆現有的商業模式，即使你正在優化目前的企業經營方式也一樣。以下的七個悖論，全都是領導者的職涯中非常重要的標竿，你必須加以掌握，如此一來，才更有可能做出好決策，以更高效能的方式領導那些仰賴你的員工。

自信又謙遜

組織與所有利益相關者都需要領導人來賦予信心，所以，身爲領導人，你必須擁有清晰的願景。而擁有健全的自信，意謂你能表現出眞誠與值得信賴的特質，這種自信來自於你在過去曾重複做出良好判斷，並幫助他人建立信心。但是，你絕不能放任自信變成傲慢，在這件事情上，你最好的守衛就是謙遜——請向你的團隊承認遠大的抱負總是困難的，且必定伴隨著風險與失敗的可能性。

「其中一個問題在於，人們總是過度樂觀與過度自信。」阿利爾投資（Ariel Investments）的創辦人暨共同執行長小約翰．羅傑斯（John W. Rogers Jr.）說，「你希望他們表現出適當程度的謙遜、樂於坦承自己所犯的錯誤，而非一天到晚表現出無所不知的樣子。你希望他們以開誠布公的態度面對自己的長處與短處、組織的優勢與弱點，而不是成天盲目樂觀地看待一切事物。」

急迫又有耐心

理解此一悖論的領導人將會花一些時間反思，該如何在短期、中期與長期的時程間取得平衡。若想取得平衡，你必須不斷微調你的速度，並接受這項事實：即便你今天取得了平衡，也可能會在明天再次失去平衡。取得平衡，代表的是你必須放慢腳步，藉由分享事件脈絡與原由來凝聚人心，並確保公司裡設立了適當的流程與資源；就算全世界都向身爲領導人的你施壓，要求你盡快達成目標，你也必須保持不疾不徐。然而，倘若你的移動速度太過緩慢，你的競爭對手也可能會在瞬間超越你。

「在你的職涯中，你眞的可能會在某個階段發現你的優勢變成你的弱點。」顧問公司達曼國際（Daymon Worldwide）的前執行長卡拉．庫柏（Carla Cooper）說，「我很樂意把事情交給其他人完成，這能讓我把心力放在該如何爲同事提供諮詢上，如此一來，他們才能驅策自己，但這需要花費很多時間與耐心。有時候，當人們看到我的耐心表現，會覺得我在指導團隊該做什麼時的態度不夠積極、不夠有力。我一直努力在這兩種態度之間取得平衡：耐心與『這是一座山，這是我們要去的地方，這是我需要你做的事，這是我需要你做這些事的原因』。平衡，才是魔法眞正發揮作用的地方。」

富同理心又苛刻要求

領導人必須設下高標準的期待，但在你要求團隊拿出優越表現的同時，你也需要表現出同理心，並理解你的團隊成員也都只是人類；你務必要在這兩方面之間取得平衡。當你將員工視爲志願者、而非只爲利益工作的傭兵時，他們才會拿出最好的工作表現。每個人各有其人生困境——生病的父母、無法適應學校的孩子、關係緊張的婚姻——有時候，同理與重視的重要性，遠大於你和員工針對下一季能否達標所進行的嚴肅對話。同理心不代表軟弱，同理心代表的是你承認我們都只是凡人。領導人必須掌握的微妙平衡，是知道何時該繼續要求、何時又該具備同理心。

保德信金融集團（Prudential Financial）的人資長路西恩・阿茲亞利（Lucien Alziari）向團隊提供回饋時，其手法就精準地詮釋了這個悖論。「我一開始就直接告訴他們，聽清楚了，我從小就是在嚴厲的愛之中長大的，而你們未來也會體驗到這種嚴厲的愛。」阿茲亞利說，「讓員工同時記住嚴厲與愛這兩個面向是很重要的，如果你只體驗到嚴厲，便會覺得好像一直處於陰影之中。但是，你要知道，我時時都把你的最大利益放在心上，我這麼做的唯一理由是因爲我相信你，我希望你能變得比現在更好。」

樂觀又實際

人們總是期待領導人個性樂觀、能爲組織帶來活力與熱情，同時對自己爲組織建構的遠大願景充滿使命感。領導人必須達成的平衡，是和員工分享未來的風險爲何、建立遇到意外時的應急計畫，並要求所有人提高警覺，留意組織的計畫發展是否不如預期，同時，還要爲成功創造出寬廣的容錯範圍。在提到當下所面臨的企業挑戰時，你應該要多坦誠？你希望激勵人們聚焦在長期目標上，但如果你和他們分享太多不好的預兆，他們可能會覺得自己應該要開始找下一份工作了。另一方面，你也不該完全將員工阻隔在壞消息之外，當你告知他們有哪些挑戰時，就是在邀請他們提供協助。最好的做法是告訴員工，你們遇到哪些重大的挑戰（理想上而言，要同時搭配一個能夠解決重大挑戰的計畫），但也要注意，別讓他們覺得無法承受。資訊科技顧問公司奧匹利歐（Appirio）的前執行長克利斯．巴爾賓（Chris Barbin）說：

我認爲沒有多少領導人眞的擅長保持公開透明。所謂的公開透明，指的是在組織的財務狀況不佳時，你可以直截了當地說出這件事。若團隊想要擺脫紛亂或負面的環境，唯一的方法就是保持公開透明。直接告訴所有人，我們現在遇到了紅燈。當你遇到紅燈時，不要說這是黃燈或綠燈，請直言不諱這就是紅燈，同時請所有人開始追求新的目標。保持開誠布公並分享一切，會帶來很多好處，隱藏與僞裝則會帶來許多壞處。這麼做的其中一個優點是，你能建立一定程度的信任、尊重與支持。你不可能時時刻刻都讓組織中的每個人認爲一切非常完美且正確。如果組織中有太多避重就輕的歡樂對談，到了下一個季度的第一天，卻出現裁員與預算刪減的狀況，組織中便會出現強烈反彈，你很快就會失去信任、尊重與忠誠。

閱讀氛圍並定調氛圍

正如我們在第五章所討論的，成功的領導人會發展出一套傾聽系統，藉此了解組織各個層級的人在想什麼與說什麼。閱讀氛圍，指的是閱讀整個組織的氣氛，並捕捉肢體語言帶來的非言語訊號，判讀對方當下的細微情緒。執行長必須懂得如何感覺氛圍——亦即「閱讀氛圍」——無論是在會議中、走廊上、巡視商店與工廠時。領導人也必須理解自己正是氛圍的定調者，因為他們僅憑自身的肢體語言及氣場，就能左右職場氛圍。

舉例來說，雅典娜安全（Athena Security）公司的執行長麗莎・法爾佐恩（Lisa Falzone）了解到自己需要關注員工的士氣，卻又不能一味地順應士氣。「你必須始終聚焦於願景與你想成就的事物上，因為如果你太過專注於當下身邊發生的事，有時，它可能會促使你偏離原定路線。」她說，「只要是在員工面前，你無論何時都需要保持沉著。他們看得出來你是不是壓力很大，然後他們也會因此感受到壓力。所以，每當我覺得壓力大時，有兩個解決方法，一是不要在員工面前表現出來，二是走進我的辦公室，待在裡面工作一陣子。我在剛開始擔任領導人時並沒有意識到這件事，但事實上，所有氛圍都源自於你。」

「只要是在員工面前，你無論何時都需要保持沉著。他們看得出來你是不是壓力很大，然後他們也會因此感受到壓力。」

——麗莎．法爾佐恩，雅典娜安全公司共同創辦人暨執行長

創造自由也創造架構

領導人的工作性質將會影響到這個悖論的平衡點。在管理核電廠和執行手術這類領域中，容錯空間小之又小，因此組織文化比較不會強調自由，而是強調結構化的體系，也比較不注重創造力與即興發揮，而是注重安全與規範。在廣告業或影視業這類產業中，組織對於新構想的需求比較高，因此也就需要一定程度的混亂。大企業可能會同時需要這兩種面向，其製造部門必須以固定流程爲導向，而行銷部門則需要嶄新的思維。對領導人來說，這意謂他們必須容許不少看似沒有生產力的工作，比如在死胡同裡繞路，或者進行看似徒勞無益的腦力激盪。最困難的，則是釐清你該在何時允許員工繼續對話，又該在何時介入、引導討論的方向。探索公司（Discovery, Inc.）全球內容部的前總裁瑪喬立・卡普蘭（Marjorie Kaplan）說：

組織總是傾向於自我審查，爲了不斷前進與做決策，所以無法容忍混亂。但我認爲，若你希望組織具有創造力，就需要容忍混亂。你當然不會希望組織永遠都處於混亂的狀態，但你也不能讓組織一直處於規律有序的狀態。眞正的創造力來自於容忍混亂的能力，你必須有能力在正確的時刻做出決定，再以結構化的方式來執行。我對混亂的容忍度一直在成長。創意是混亂的、令人害怕的。若你只是繼續做一直以來都在做的事，那你永遠也無法獲得足以改變格局的關鍵構想，你只能獲得稍微改進一點點的構想。你必須找到一個方法來測試那些看似毫無道理的構思，允許某些人脫隊一陣子，因爲這是創意成眞的必經之路。然後，你得決定你要在何時收線。

※

現在來看最後一個悖論：最優秀的領導人是無私的——重要的不是你，而是你能爲所帶領的人與組織做出什麼貢獻。然而，如果你渴望成爲無私的領導人，就必須先學會照顧自己，否則，你的生理能量與心理能量將會逐漸衰退，削弱你幫助他人的能力。要通過心理層面的試煉，代表你需要回答各式各樣的問題，其中包含以下這幾個問題：你要如何管理你的自我，才不會變得過於自信，並開始以令人反感的方式和他人溝通（領導人這個職位的特質很容易讓人自我膨脹）？你要如何應對永無止境的要求所帶來的壓力、期待的重擔與決策所導致的後果？你要如何在內心一片混亂時，仍不形於色？在每天連續和各個團隊開會時（他們每個人都對你抱持高度期望），你要如何維持精神飽滿的狀態？你要如何爲自己騰出時間，將反思的眼光放遠，超越當下的需求與壓力？你要如何在知識與文化層面上滋養自己，從中獲得啟發，並進一步啟發他人？你要如何找到那些單純想要幫助你、沒有其他動機的人，讓他們成爲值得信任的新構想測試人，並且樂意聽你吐露心聲？你要如何照顧自己的健康？

儘管這些壓力對執行長來說格外沉重，但每個擔任領導角色的人，都會在某種程度上經歷這些壓力。以下是領導人在應對壓力時所採用的方法。

承認壓力的存在

領導人可能陷入的其中一個陷阱，就是否認工作壓力。他們會告訴自己：「我成天與壓力爲伍。我最愛壓力了。我根本把壓力當飯吃。」有些人遇到壓力時會選擇直接投降——「這是工作的一部分，我無能爲力」——彷彿他們正在進行危險的急流泛舟，一心只想避免船隻翻覆。也有一些人會爲了恢復精力，而推遲他們該做的工作，他們會告訴自己：「我晚點再處理這些事，不會拖太久。我先放一週假，一切都不會有問題的。」

「你背負著難以想像的重責大任。」

——威廉．葛林，埃森哲諮詢公司前董事長暨執行長這些方法都不會奏效，原因在於壓力的特性就是會不斷累積。壓力不會在你感受到它之後自動消失，壓力會彼此疊加，即使是在工作進展順利時也一樣。而且，你還得額外加上工作時、必須替其他人解決的各種大大小小難題。理想情況下，當你歷經了工作上的極度壓力、回到家後，應該要以相對平靜的氛圍達到個人的平衡，但往往事與願違。當工作與家庭的氛圍同時變得緊繃，工作與生活之間的平衡將會徹底瓦解。隨著時間的推進，這些壓力會慢慢耗盡你在心理上與生理上的儲備能量，並削弱你的復原力。雖然你的最高目標可能是每天都拿出最好的工作表現，但你承受的這些壓力將會成爲阻力，使你變成一部油箱見底、汽缸點火不順、煞車被踩住的車子一樣。你的前進速度將會變得無比緩慢，甚至根本無法前進。

「你背負著難以想像的重責大任。」埃森哲諮詢公司（Accenture）的前執行長威廉．葛林（William D. Green）說，「我的意思並不是說你是一名殉道者，而是這個職位本身就會帶來這些責任。我們的辦公室遍布世界各地，一週七天、一天二十四小時都有新事件發生，你會覺得自己該對所有員工及其家人負責，這種感覺非常沉重。

我很樂意在工作方面承擔責任，但在精神方面卻沒那麼容易。在精神上對這麼多人的生命負起責任，是一件極度沉重的事。我年輕的時候幾乎無法對自己的生活負責，如今卻必須對數萬名仰賴我的人負責。我花了一些時間才終於習慣這種感覺。」

保持自我克制

隨著人們在公司內部升職，每一次晉升都會帶來更多的地位象徵。領導人自我膨脹的一個常見徵兆是，即便領導的只是一個很小的團隊，他們也會在對話中使用「我的員工」這類用語，或是會在指涉公司時用「我」來取代「我們」，因爲他們開始覺得組織的成功完全是他們的功勞。執行長需要仰賴大批人力來實現與預測他們的每一個需求。在產業交流的會議上，他們會收到如潮水般湧來的演講邀請。他們成爲了公司的門面，企業認同與自我身分認同之間的界線逐漸模糊。對於那些自視甚高的人來說，上述現象將會導致他們的自我不斷膨脹，直到像是梅西百貨（Macy's）的感恩節遊行氣球那麼大。他們會因此變得過度自信、難以親近；他們也會因此在溝通時擺出傲慢的姿態，以至於人們不想聽他們說話。

若要抵抗這種傾向，你必須和一兩位你信任的同事建立良好的關係，讓他們在你自以爲掌握一切時，告訴你實情。執行長信任的同事可能是人資長，這個職位的職責是綜觀整個組織的健全程度與效能。對凱文來說，他信任的心腹是公司的人資長布萊恩・麥克納米，麥克納米偶爾會走進他的辦公室，關上門、提供一些回饋，而這些回饋往往始於：「你又讓快速直球脫離好球帶了。」

A＋E電視網的前執行長阿貝・雷文總是恪守同一個策略：避開資深領導人這個職位帶來的「稀薄空氣」。「許多高階主管只願意搭私人飛機往來各地，他們總是搭私家車往來辦公室、住家或飯店，這樣無法真正體驗這個世界。」她說，「我每天都搭火車。我會觀察人們在閱讀與觀看什麼事物，觀察他們使用哪種手機。我會去購物。我會在牧場買牛奶。我會看電視。你要確保自己不僅有和員工們保持聯繫，也要和顧客與閱聽者保持聯繫，你要知道他們喜歡什麼、不想要什麼。你要跟外界接觸，不要把自己關在辦公室裡。你必須眞正地生活在這個世界，而這個世界不是只有高階主管而已。」

聚焦於少數可達成的目標

總是會有許多人要求領導人分一點時間給他們，除此之外，領導人還必須承擔負責設立挑戰性目標的壓力——這些挑戰性目標應該要能激勵所有人盡力而爲。但是，這些目標也可能會適得其反。如果目標太過遙不可及，你的團隊將會失去動力，而你則會開始擔心無法達到原先的期待。你設下的目標應該要實際可行，也要在太過容易與野心太大之間取得平衡。「你通常會在成功的時候更加努力工作，我後來才知道這件事有多重要。」平英身分（Ping Identity）公司的執行長安德列・杜蘭德（Andre

Durand）說，「你必須深思熟慮如何設定期望。你當然不希望團隊能輕而易舉地達成，但你也不會希望這些期望無法實現；這些期望應該要在可行範圍內。儘管你尚未釐清你需要完成哪些步驟才能實現期望，也應該要事先確定你可以整合資源、才能與目標，使其具有一致性。」

在你和團隊一起研擬出簡單計畫後，你必須練習分析你分配時間的方式，以確保你聚焦在執行簡單計畫上。爲美國而教（Teach For America）的創辦人溫蒂·柯普（Wendy Kopp）說：「我所採用過最棒的時間管理策略，是每週花一個小時反思自己的整體策略性計畫——我要怎麼做，才能推進優先事項的工作進度？接著，我每天會花十分鐘思考：『好，根據本週的優先事項，我要如何安排明天的優先事項？』我對於這套系統非常執著，因爲我覺得這個世界的改變速度似乎愈來愈快了。你必須找出能積極推動工作的方法，而不是變得完全被動。」

避免成為必要角色

組織中可能會出現一種氛圍，也就是將工作變成一種鐵人競賽，人們開始吹噓自己如何透過提早上班、加班到很晚，甚至放棄部分假期來應對危機，並聲稱自己該爲此獲得哪些權利。這種行爲在某種程度上是可以理解的，畢竟，想要成爲成功的資深領導人，耐力是非常重要的一環。但是，這種行爲也可能變成一種地位象徵，以一種毫不隱晦的方式告訴其他人：「我對於這個組織的成功來說非常重要，重要到我不能將這項關鍵工作委派給其他人。如果不是我，整個組織的人都會有大麻煩。」

對於首次擔任領導者的人來說，你現在的工作便變成是透過他人來取得成功，而這種心態的轉變有時是很困難的事。但是，領導人必須努力讓自己變成可汰換的存在，而不是成爲企業賴以維生的空氣與水。「剛接任這份工作的那段時間裡，我覺得表象很重要，我應該要表現出拚命工作的樣子。」投資公司變革（Revolution）的執行長史帝夫・凱斯（Steve Case）說道；他最廣爲人知的職位是美國線上公司

（America Online，簡稱AOL）的共同創辦人。「但在領導的藝術中，最重要的其實是妥當安排優先事項和團隊配置，如此一來，你才能在早上起床後無所事事地度過一天。雖然這是不可能達成的夢想，但建立正確的優先事項與正確的團隊是非常好的目標，你要讓團隊依照優先事項執行工作。你的最終目標不該是表現出忙碌的樣子，而是創造出一套流程，在你減少參與程度的狀況下，讓好的結果自行發生。」

為自己充電

我們都知道處於最佳狀態時是什麼感覺，但是，生活與工作的壓力往往使得我們難以如願保持在最佳狀態。若想保持最佳狀態，你必須在工作日程中安排一段運動的時間，將運動變成日常的一部分。運動實則是避免工作耗盡你所有精力的一種必要緩衝。你必須騰出時間來，進行一些能讓你感覺煥然一新、帶來啟發的活動，無論是享受大自然、藝術、電影或靈性活動都可以。重點在於要有建設性地「自私」；爲了滿足工作的要求，你必須恢復你的情緒彈性，並清楚知道你在修復過程中想要與需要做哪些事。這代表你得空出時間，全心全意和家人相處、與老朋友保持聯繫，藉此提醒自己，這份工作只是生活的一部分，但不是你全部的人生。工作上永遠都會冒出一些緊急事件，讓你想要把這些生活上的優先事項暫放一旁，但你必須保持平衡，把工作與生活都放在同等的優先地位。

「這就是領導的魅力所在。這是你自己爭取來的，而時鐘每天都會從零開始。」

——蜜雪兒．佩盧索，IBM行銷長

重新充飽電後，你將有更多餘力去幫助他人，並以全新的視角觀察挑戰，找出新的可能性，重新看清哪些是最重要的，以及其背後的原因。你將會擁有足夠的心理空間與時間，反思你需要什麼事物才能增加你的自我覺察，以及如何以領導人的身分成長與發展。「從我身為領導者的個人角度來看，我認為每天早上我的時鐘都會從零開始。」資深執行長蜜雪兒．佩盧索（Michelle Peluso）說，她現在是ＩＢＭ的數位銷售資深副總裁暨行銷長。「每晚我上床睡覺時，都會思考今天有哪些事原本能做得更好——例如，我能表現得更有同理心，或是我能更詳盡地解釋計畫，又或者我能更認眞地傾聽。這就是領導的魅力所在。這是你自己爭取來的，而時鐘每天都會從零開始。你永遠都有機會在團隊面前表現出更好的自己。」

※

考慮到領導人這個角色可能會讓你在生活上付出的代價（愈資深的領導人得付出愈高的代價），整體來說，這一切眞的値得嗎？沒錯，領導人的工作能為你帶來財務報酬，但是，這眞的值得你承擔那麼多壓力嗎？這便是爲何精通領導人在心理層面的修煉是如此重要——你必須全心接納所有悖論，包括爲了做到無私而建設性地自私。若你能成功通過這些試煉，就能享受到領導所帶來的持久報償，包括完成那些需要你保持最佳狀態的工作，以及了解自己的潛能（你會發現，你可以做到的事，遠比你想像的還要多）。由於你會獲得不斷學習的機會，因此也會獲得更多的人生經驗。你對社會做出了貢獻，也有能力引出其他人最好的一面。「隨著時間一年一年過去，我好好地磨練了傾聽與理解他人故事的能力。如今，我已有能力幫助他人用自身潛能寫出自己的故事——一個開放式的故事，可任由他們發揮實力。」於二〇一八年逝世的杜克能源（Duke Energy）前執行長吉姆・羅傑斯（Jim Rogers）說，「我在組織中有一個最重要的發現，就是人們總是傾向於限制他們對自己的看法並低估自身能力。我遇到的其中一個挑戰，是必須讓他們看見各種可能性。我相信，只要在正確的環境下，幾乎任何人都可以做到任何事。」

「我相信，只要在正確的環境下，幾乎任何人都可以做到任何事。」

——吉姆．羅傑斯，杜克能源前執行長

你並不是一定要成爲執行長才能對他人產生影響。我們已經在引言中提過本書英文版之所以命名爲「執行長的試煉」（The CEO Test）的原因：我們相信，無論你的職位爲何，只要了解執行長如何應對最關鍵的挑戰，你就能成爲更高效能的領導人。由於你正在閱讀本書，所以我們知道你希望能成爲更好的領導人、達成更遠大的目標，甚至希望有朝一日能成爲執行長。如果一切順利，你確實可能會成爲執行長，但有許多因素會超出你的掌控範圍，例如運氣、時機、人與人之間的化學作用，這些都有可能會阻礙你獲得你想要的職位。然而，領導他人的方式絕對在你的掌控範圍之內。你的領導方式終究取決於你的選擇，而非他人的選擇，同時也取決於你一人獨處時的寧靜時刻會如何回答下列問題：

- 對你來說，什麼樣的價值觀是你的基石，無論你遇到任何挑戰都不會妥協？
- 你視直屬下屬爲幫助你達成目標的資產嗎？或者你認爲自己的職責是幫助直屬下屬解鎖他們尚未開發的各種技能與才華？
- 你是否打從心底接受關於領導的所有條件與悖論，並意識到你必須保持強烈的自我覺察，也要視成長爲終生的旅程？
- 你是否願意爲結果負起一切責任、總是努力追求進步，而且不會在未達目標時衝動地責怪他人？
- 你是否理解信任是一條雙向道，人們會基於你在每個瞬間的表現來決定是否要信任你？
- 你是否擁有足夠的勇氣與智慧，做出艱難又不受歡迎的決定？
- 如果員工能自由選擇主管與領導人，他們會選擇你嗎？如果會，理由爲何？

- 你是否能理解，儘管你在成爲領導人後，可能會因爲不斷晉升而獲得許多關注，但這些關注實則與你無關？

這就是最終的領導者試煉，而這個試煉將決定你是否達到你爲自己所定義的成功，並成爲你想成爲的領導人。

致謝 Acknowledgements

二〇一八年，我們在紐約市的一頓豐盛早餐中，一起想出這個計畫。我們花了很長的時間擬定本書的早期概念，非常感謝所有提供協助的人，幫助我們完成了這本書。

我們的經紀人克里斯蒂・弗萊契（Christy Fletcher）在前期提供了關鍵指導，幫助我們重新思考，使這個出版提案更清晰。我們感謝《哈佛商業評論》團隊在這個計畫初期與流程中的每個階段，對我們保有興趣、給予支持，並提供專業知識。阿迪・伊格納帝烏斯（Adi Ignatius）、梅琳達・梅里諾（Melinda Merino）與史考特・貝里納托（Scott Berinato）是一支非常強大的團隊，史考特精湛的編輯使我們的稿件變得更有力。我們初稿的讀者——羅恩・班克羅夫特（Ron Bancroft）、珍妮塔・布萊安特（Jeanetta Bryant）、彼得・謝爾尼（Peter Chernin）、海瑟・德羅斯

（Heather DeRoos）、德克・德羅斯（Dirk DeRoos）、彼得・多蘭（Peter Dolan）、凱蒂・多蘭（Katie Dolan）、哈利・費爾斯坦（Harry Feuerstein）、吉姆・麥克納尼（Jim McNerney）、大衛・萊莫（David Reimer）與卡蘿・沙爾（Carol Sharer）——提供了一針見血的反饋，幫助我們強化了關鍵章節。

還有許多人在過去數年來，爲我們帶來了重要的影響，幫助我們形塑我們對高效能領導人的觀念。

亞當：我要謝謝梅立克公司的所有人，尤其是大衛・萊莫與哈利・費爾斯坦，謝謝你們和我分享有關領導、公司文化與轉型的縝密知識和智慧，以及建立高效能團隊的必要條件。梅立克公司的現任與各任前執行長暨全球商業領導人，全都是我們的導師，謝謝你們如此慷慨地分享你們擔任領導人時所獲得的經驗，以及你們指導其他資深主管時的領悟。

同樣也要感謝梅立克公司的董事長瑞克・史密斯（Rick Smith），謝謝你在二〇一二年引介我和大衛・萊莫相識。在與大衛的數次對談後，開啟了我於二〇一七年加入梅立克公司的契機，成就了我職涯中的新篇章。我從很年輕時就開始打球，多年的運動經驗，使得我對於團隊能合作成就的事物，懷抱著深切的感激，我很慶幸能和梅立克公司的成員一起將梅立克打造成一家傑出的全球公司。

我在本書中引用了我在《紐約時報》爲〈領導人辦公室〉所寫的專題中、與數十位執行長進行的訪談，以及我在領英上正進行中的執行長訪談系列。每一位我曾採訪過的領導人——超過六百多位，還在持續增加中——都爲本書帶來了非常重要的觀點、引人入勝的故事，以及實際可行的訣竅。〈領導人辦公室〉是我在《紐約時報》時執筆的專欄，我很幸運能在身爲編輯時，認識許多傑出的領導人並向他們學習，尤其是瑞克・柏克（Rick Berke），與其他人共事時，他格外擅長帶出他們最好的一面。

凱文：我要感謝我的第一位潛艇艦長肯・斯特拉姆，他向我展示了何謂一名優秀的領導人。打從一開始，他就一直鼓勵我，在我還是個年輕軍官時，就給予我非凡的信任。在我進入麥肯錫的第二年，奇異集團的麥克・卡本特（Mike Carpenter）給了我機會，在傑克・威爾許擔任執行長的前期加入董事長職員小組，讓我得以近距離觀察並學習那個時代最傑出的執行長如何工作。麥克是我遇過最棒的老闆，他教導我如何用簡單明瞭的方式分析與描述複雜的業務。

在我遇到的所有人中，最獨特的非羅恩・班克羅夫莫屬。大約四十年前，他無預期地延攬我進入麥肯錫工作，在之後的歲月間，他一直都是我的好友與親近的導師，他總是會毫不猶豫地舉起鏡子，讓我看清現實。

一九九二年，安進藥品的第二任執行長高登・賓德聘用我時，我的履歷看起來並不符合這個職位，之後的八年，他始終都是我的上司與好夥伴。

哈佛商學院的珍・里夫金（Jan Rivkin）與尼汀・諾瑞亞欣然接受了我這個毫無經驗的菜鳥成為教員，提供時間與鼓勵讓我學習如何教書。這是我面對的所有學習曲線中最陡峭的一個，過程雖然艱辛，但抵達頂端後看到的風景，完全值得這段路程。

我還要感謝安進藥品的資深同事。過去十多年來，我們一直是彼此的合作夥伴，我很榮幸能在職涯中和你們共事。因爲有我的繼任者鮑伯・布萊德威與現在安進藥品團隊的優秀領導，我們在過去所建立的事業才能歷久不衰、蓬勃發展，並始終忠於安進藥品的使命：服務患者，以科學爲基礎。

※

最後，雖然這可能超出了傳統的致謝範疇，但我們想要花一點時間感謝協作與團隊合作的力量。我們初次討論這項計畫時，對彼此的認識僅止於過去幾年間的寥寥數次對話（亞當是在二〇〇九年因爲〈領導人辦公室〉的採訪，首次見到凱文），而共同編寫一本書，本身就是一件具有風險的事。

我們對於高效能領導人的想法會是一致的嗎？我們能夠在意見不同時、彼此磨合嗎？我們對於建構與撰寫本書的最佳方法能取得共識嗎？事實證明，這些問題的答案全都是肯定的，我們兩人的合作效率，遠比我們最好的預期都更富成效。

我們在彼此身上獲益良多——每當我們對某個事件的意見有所分歧時，就會將自尊關在門外，純粹爲了事件本身的利益做出選擇——我們最終認爲，是亞當的採訪廣度與凱文的領導經驗深度，共同成就了這個一加一遠大於二的魔法。對我們來說，撰寫本書的合作經驗是意義非凡的經歷，我們衷心希望你也能在閱讀時從中獲益。

參考資料 —— Notes

第一項試煉：你能為策略發展出一個簡單計畫嗎？

1. "Our History," McDonald's, accessed September 25, 2020, https://www.mcdonalds.com/us/en-us/about-us/our-history.html.
2. "Our Path Forward," New York Times, https://nytco-assets.nytimes.com/m/Our-Path-Forward.pdf.

第二項試煉：你能將文化變成實際且重要的一件事嗎？

1. Josh Condon, "Watch Uber CEO Travis Kalanick Be a Massive Dick to His Uber Driver," The Drive, March 1, 2017, https://www.thedrive.com/news/7983/watch-uber-ceo-travis-kalanick-be-a-massive-dick-to-his-uber-driver.

第六項試煉：你能應付危機嗎？

1. Dennis Schaal, "Marriott CEO Sorenson Details Crisis Contingency Plans in Emotional Address," Yahoo, March 19, 2020, https://finance.yahoo.com/news/marriott-ceo-sorenson-details-crisis-161524903.html.
2. Richard Wray, "Deepwater Horizon Oil Spill: BP Gaffes in Full," The Guardian, July 27, 2010, https://www.theguardian.com/business/2010/jul/27/deepwater-horizon-oil-spill-bp-gaffes.
3. Andrew Pollack, "Amgen Seeks to Reverse Its Bad News," The New York Times, April 17, 2007, https://www.nytimes.com/2007/04/17/business/17place.html.

第七項試煉：你能修得領導者的心理素質嗎？

1. Satya Nadella, *Hit Refresh: The Quest to Rediscover Microsoft's Soul and Imagine a Better Future for Everyone* (New York: Harper Business, 2017).

BIG 403

領導者的試煉：600位執行長的智慧與教訓，最務實也最殘酷的七堂管理課

作　者—亞當・布萊安特（Adam Bryant）、凱文・沙爾（Kevin Sharer）
譯　者—聞翊均
資深主編—陳家仁
編　輯—黃凱怡
企　劃—藍秋惠
編輯協力—巫立文
封面設計—江孟達
內頁設計—李宜芝

總 編 輯—胡金倫
董 事 長—趙政岷
出 版 者—時報文化出版企業股份有限公司
108019台北市和平西路三段240號4樓
發行專線—(02)2306-6842
讀者服務專線—0800-231-705・(02)2304-7103
讀者服務傳真—(02)2304-6858
郵撥—19344724 時報文化出版公司
信箱—10899臺北華江橋郵局第99信箱

時報悅讀網—http://www.readingtimes.com.tw
法律顧問—理律法律事務所 陳長文律師、李念祖律師
印　　刷—勁達印刷有限公司
初版一刷—二〇二二年十一月十一日
初版六刷—二〇二三年十月十一日
定　　價—新台幣三八〇元
（缺頁或破損的書，請寄回更換）

時報文化出版公司成立於一九七五年，
並於一九九九年股票上櫃公開發行，於二〇〇八年脫離中時集團非屬旺中，
以「尊重智慧與創意的文化事業」為信念。

領導者的試煉 : 600 位執行長的智慧與教訓 , 最務實也最殘酷的七堂管理課 / 亞當 . 布萊安特 (Adam Bryant), 凱文 . 沙爾 (Kevin Sharer) 作 ; 聞翊均譯 . -- 初版 . -- 臺北市 : 時報文化出版企業股份有限公司 , 2022.11
288 面 ; 14.8 x 21 公分 . -- (Big ; 403)
譯自 : The CEO test : master the challenges that make or break all leaders.

ISBN 978-626-353-000-3(平裝)

1. 領導者 2. 企業經營 3. 組織管理 4. 職場成功法

494.21　　111015456

ISBN 978-626-353-000-3
Printed in Taiwan